BIM正向设计
在室内设计专业的应用

BIMBOX 组编

黄 豪 葛旭东 孙 彬 编
刘 雄 开 开 黄少刚

机械工业出版社
CHINA MACHINE PRESS

本书着手于一个精装样板房项目，讲解室内设计专业如何使用 Revit 从零开始进行施工图绘制，并延伸至出图工作结束后的算量、渲染工作。

　　本书内容包括软件介绍、土建建模、装饰建模、平面图出图、图框及施工说明、立面图出图、节点图出图、导出 DWG 格式文件和 PDF 格式文件、制作项目样板等。本书并不是在传授设计经验，也不是拿着已有的施工图进行翻模，而是在剖析基于一个平面方案的"正向设计"过程。

　　本书可供室内设计从业人员参考和使用，也可供相关专业人员以及在校师生参考使用。

图书在版编目（CIP）数据

BIM 正向设计在室内设计专业的应用／BIMBOX 组编.

北京：机械工业出版社，2025.7. ‒‒ ISBN 978‒7‒111
‒78663‒4

Ⅰ. TU238.2‒39

中国国家版本馆 CIP 数据核字第 2025F9W303 号

机械工业出版社（北京市百万庄大街 22 号　邮政编码 100037）
策划编辑：张　晶　　　　　　　　　责任编辑：张　晶　张大勇
责任校对：赵　童　张雨霏　景　飞　　封面设计：张　静
责任印制：单爱军
北京盛通印刷股份有限公司印刷
2025 年 7 月第 1 版第 1 次印刷
184mm×235mm・11.25 印张・210 千字
标准书号：ISBN 978-7-111-78663-4
定价：89.00 元

电话服务　　　　　　　　　　　　网络服务
客服电话：010-88361066　　　　机　工　官　网：www.cmpbook.com
　　　　　010-88379833　　　　机　工　官　博：weibo.com/cmp1952
　　　　　010-68326294　　　　金　书　网：www.golden-book.com
封底无防伪标均为盗版　　　　机工教育服务网：www.cmpedu.com

Revit 做室内设计这一行为，在国内传统专业分类上看来，可能显得有些"离经叛道"，毕竟 Revit 连一个独立的"室内"或"装饰"的功能面板都没有，也没有相关的功能合集。虽然机电的"水暖电"三个专业也没有独立面板，但至少共同在一个独立面板下有主要的功能合集。

出现这些差别的主要原因是国内外专业的划分差异，并不代表 Revit 不适合做室内设计。从建筑功能中的"天花板""房间"，以及"家具""卫浴装置""橱柜"等族类别就可以看出，Revit 满足做室内设计的基本功能要求，只不过和建筑专业的功能融合得相对彻底。

除了 Revit，还有类似 ArchiCAD、SketchUp、Rhino 等软件都可以做室内设计，但毫无疑问，涉及多专业协同的工作模式时，Revit 是最优解。除此之外，在数据集成、软件生态等方面，Revit 也有着不可比拟的优势。

本书着手于一个精装样板房项目，讲解室内设计专业如何使用 Revit 从零开始进行施工图绘制，并延伸至出图工作结束后的算量、渲染工作。值得讲在前面的是，本书并不是在传授设计经验，也不是拿着已有的施工图进行翻模，而是在剖析基于一个平面方案的"正向设计"过程。

观看本书前，读者不需要有特别丰富的 Revit 操作经验，哪怕是一个 Revit 小白，也可以参照本书进行项目设计和出图。但如果真的没有一点 Revit 操作经验，那么在观看本书的过程中碰到难以理解的问题时，读者可以自己进行更多的尝试，或者通过互联网查询问题，甚至可以跳过，当软件操作达到一定时长后，很多早期碰到的问题都会迎刃而解。

好了，接下来让我们正式开始！

编　者

目 录

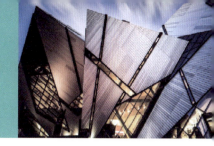

第**1**章 软件介绍

1.1 软件安装

Revit 用户均可在欧特克官网（网址 https：//www. autodesk. com. cn）下载 Revit 的安装包，学生用户可免费使用教育版（网址 https：//www. autodesk. com. cn/education/edu-software/overview）。

安装时请确保网络状态良好，以避免安装过程中组件缺失导致软件无法正常运行。

1.2 软件界面

Revit 启动界面比较简洁，左侧是"模型"和"族"的打开或新建，"族"是由英文单词"family"汉译过来，意思是具有明显共同特征的一类东西，"族"是搭建"模型"的主要元素。软件界面右侧是近期打开的"模型"或"族"文件，可以单击直接打开。

Revit 的项目界面主要分为三大区域。上侧是各专业的主要功能面板；中间是活动视图，主要展示三维及平面的工作成果，活动视图下方是当前视图的相关设置按钮；侧边是属性栏及项目浏览器，属性栏是主要的数据窗口，项目浏览器则是项目主要的内容合集，包含了视图、图纸、族等资源的入口。

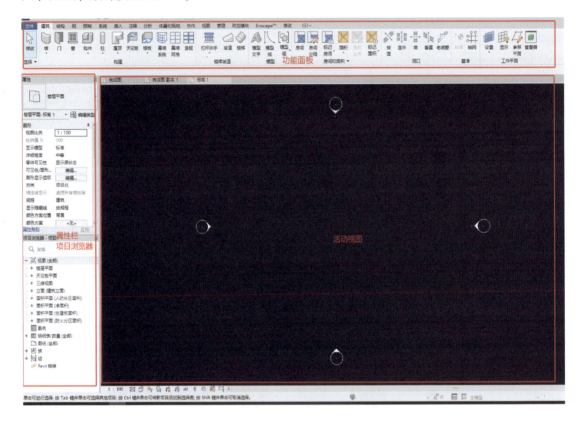

侧边窗口是可以自由拖拽的，一般左右两侧分别放置属性栏和项目浏览器，方便浏览和操作。

1.3 离线资源下载

Revit 自带的资源十分丰富，安装软件时如果因为网络波动导致组件未完全安装时，可在欧特克官网搜索相关内容进行下载，下载的内容可离线进行安装。

搜索格式为"Autodesk Revit 2024（以实际版本为准）内容"。

1.4 各类资源路径

因为软件安装不完整或其他原因导致的资源丢失及路径丢失问题，可参考 1.3 节下载好离线资源并安装，再参考下列路径重新进行路径配置。

材质贴图路径：C:\Program Files\Common Files\Autodesk Shared\Materials\Textures，该路径不受软件安装时选择的路径控制。

项目样板、族样板、族库在同一个文件夹下，但需要开启显示隐藏文件才能找到，安装时如果装在了其他盘，则需要去对应的盘符里找相关资源。

项目样板默认路径：C:\Program Files\Autodesk\RVT 2024（以实际版本为准）\Templates，默认路径丢失时重新设置路径的界面如下：

族样板默认位置：C:\Program Files\Autodesk\RVT 2024（以实际版本为准）\Family Templates，重新设置路径的界面如下：

族库默认位置：C:\Program Files\Autodesk\RVT 2024（以实际版本为准）\Libraries，重新设置路径的界面如下：

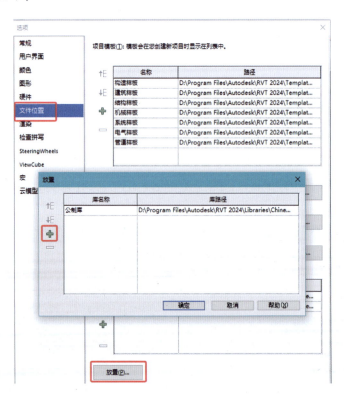

1.5 Autodesk App Store

Autodesk App Store 是欧特克官方的生态应用商店（国内网址 https://apps. autodesk. com/zh-CN），里面包含了 Autodesk 生态的各种工具和插件，对 Revit 来说也是一个强力的辅助工具合集。

第2章 土建建模

2.1 新建项目

建模思路 ▶▶

前面讲过，Revit 做室内设计的功能和建筑专业的功能融合得相对彻底，所以 Revit 自带的建筑样板最适合室内设计专业建模。室内设计建模部分有大量的构件和建筑专业面板下的命令相匹配。比如，室内设计常用的装饰墙、室内门、窗户、天花等命令都属于建筑专业面板下。因此，可以放心使用建筑样板来做室内设计项目。

实际操作 ▶▶

在 Revit 左侧面板，单击"模型"下方的"新建"选项，在弹出的对话框里，选择"建筑样板"，单击确定，即可新建一个空白的项目（如果缺少相关资源，可以按照 1.3 节、1.4 节的内容解决）。

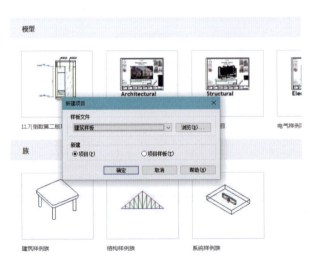

2.2 确定标高

建模思路 ▸▸

室内设计项目一般需要确定四个标高，从下往上依次是毛坯面、完成面（±0.000）、天花完成面、顶面（楼层板的下标高）。

实际操作 ▸▸

双击"项目浏览器-视图-立面（建筑立面）"路径下的"南"立面视图，通过默认的"标高1"向下复制出毛坯面标高，通过默认的"标高2"向下复制出天花完成面标高，并修改标高的名字。

2.3 绘制原始墙体

建模思路 ▸▸

正式开始建模前，需要先导入CAD的方案底图，然后在底图的基础上绘制出原始的户型。底图需要提前处理，保证底图在CAD的模型空间，并删除多余的图元内容（在熟练之后，可直接在Revit中进行方案设计，效率不会有明显差距，但是展示效果更佳）。

另外还有一个关键点就是，在导入方案底图之后，进入平面视图一定要选"完成面"进入，因为后续大部分出图工作都是基于"完成面"来操作的，并且"完成面"视图还会作为其他平面图的底图被多次复制。

实际操作 ▸▸

1. 双击"项目浏览器—视图—楼层平面"路径下的"完成面"，进入"完成面"平面视图，在插入面板，选择导入 CAD，导入现有的 DWG 格式的方案图，任意室内设计项目都行，但请尽量简单些，这样成就感可以比较快得到满足。"图层/标高"选择可见；"导入单位"选择该 DWG 文件的真实单位，一般是毫米；"定位"的几个选项都可以选，一般是手动放置中心比较方便；最后一定要勾选"仅当前视图"。

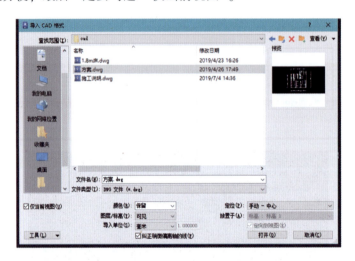

2. 进入建筑面板，选择墙，选择常规 200mm 的墙类型，复制接下来要用的承重墙和填充墙。类型复制完毕之后改好墙类型名字，比如"承重墙 200""填充墙 200"，有一定规模的团队，一般都有多段式的格式命名要求，如果有，请务必遵守。

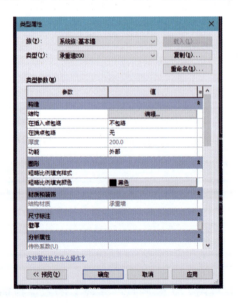

3. 进入该类型的结构编辑，给它赋予材质，并重命名材质名称。命名格式要根据团队要求，本书只是用"承重墙""填充墙"这种名字演示。一定要养成规范操作的好习惯，尤其是多人团队，不然埋下的都是隐患。

4. 在材质浏览器右侧的图形栏里，将"截面填充图案"修改为"实体填充"，颜色一般为灰色。

5. 在右侧的外观栏里，给新建的每一个材质指定一个符合该材质特点的贴图（单击图像即可索引至默认的材质贴图库，如路径丢失，可根据1.4节找回贴图存放的文件夹）。

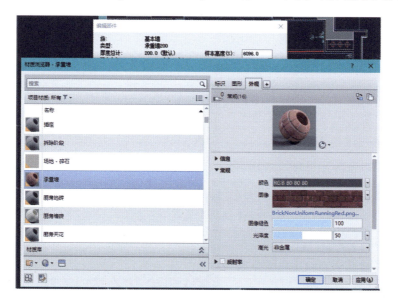

6. 开始绘制墙体，激活命令后，沿着方案底图绘制所有承重墙和填充墙，这个步骤没什么技巧，但是有以下几个注意事项：①底部和顶部约束可以绘制完毕再统一调整；②不同类型的墙自动连接后，连接位置和形式可能不如预期，这种时候用右键单击墙的拖拽柄（就是端点的那个小点），选择不允许连接，就可以自己调整了。

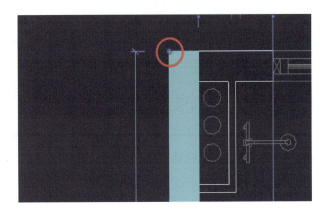

7. 大胆去尝试绘制墙时勾选和不勾选"链"的绘制方式，看看有什么区别，实践出真知。类似的还有"偏移""定位线"等。

2.4 绘制栏杆

建模思路▶▶

栏杆比较简单，在平面视图绘制栏杆路径，之后在三维视图开墙洞即可。墙洞可以通过编辑轮廓，也可以采用多段不同标高的墙拼接（"栏杆"在 Revit 中是集成式的深度定制功能，和楼梯类似，调整入口均在"栏杆"的类型属性里，深度定制比较复杂，新手可在保存项目后大胆尝试）。

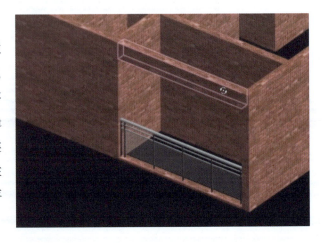

实际操作 ▶▶

1. 激活建筑面板下的栏杆扶手命令，选择绘制路径的方式创建。

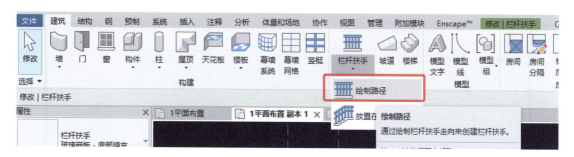

2. 选择玻璃嵌板的类型，并绘制栏杆的路径，单击完成即可。

3. 在三维视图下，选中需要开洞的墙，激活"墙洞口"命令，即可在墙上开出自定义大小的洞口。

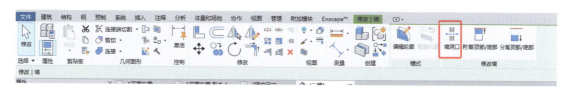

4. 修改栏杆的二维表达颜色。由于栏杆的默认组件（即子类别）较多，且不能像新建族一样自定义添加修改，所以直接在可见性设置中全选修改颜色即可。

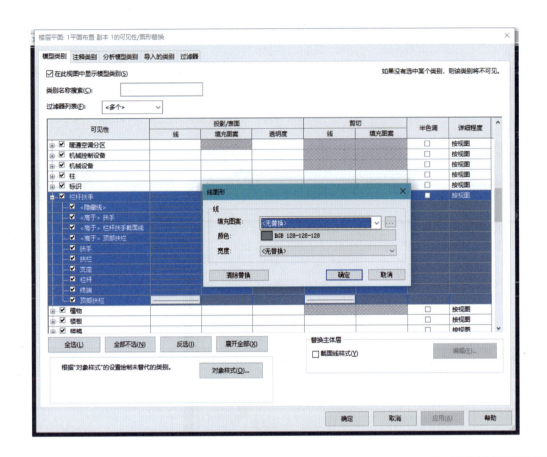

2.5 绘制管道

建模思路 ▶▶

使用系统面板下的相关命令来绘制管道，绘制前需要在"项目浏览器"下的管道系统中新建"排水"的类型，这是机电专业的操作准则，和土建专业稍有区别。

实际操作 ▶▶

1. 利用"管道系统"下的任一类型系统复制出"排水"系统，并重命名为"排水"。

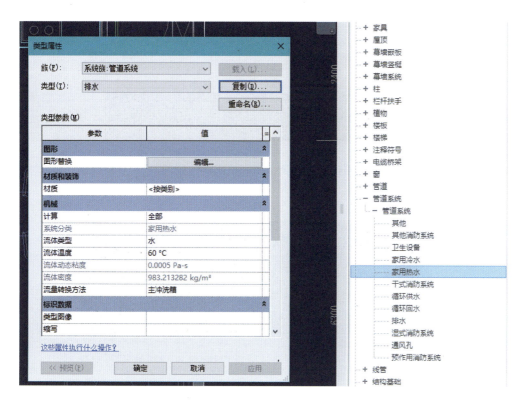

2. 单击确定关闭上述窗口，激活系统面板下的管道命令，并将属性栏中的系统类型切换为步骤 1 新建的"排水"系统，直径设置为 100mm。

3. 单击底图上排水管的中心位置，这时候会有操作柄出现，不用管，直接在专业面板下的设置栏中，将"中间高程"修改为 0（如果默认不是 0 的情况就这么做），并连续单击两次"中间高程"后面的"应用"按钮，再回到活动视口，管道就新建出来了（如果默认的"中间高程"为 0，则需要把高程改为层高，例如 2850mm，确保提供高程差）。

4. 把视图的详细程度调整为精细，就能看到管道的外轮廓，选中管道后，使用键盘上的"上下左右"可以微调管道的位置。

5. 选中新建好的排水管，使用复制命令，将项目内所有的排水管复制出来。

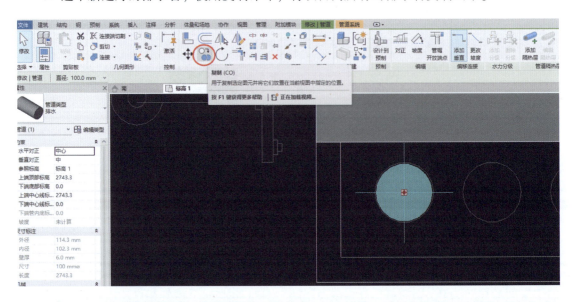

6. 修改管道二维表达的颜色，打开可见性设置面板（默认快捷键：VV），在过滤器勾选管道的前提下，找到管道下的"中心线"和"升"，修改为自己需要的颜色后，单击确定即可。

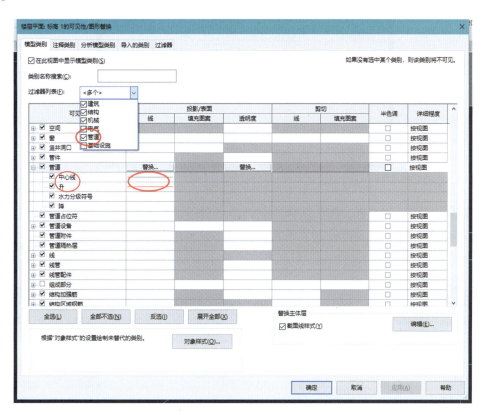

2.6　绘制结构梁

建模思路 ▶▶

结构梁所处的高度在天花完成面附近，所以可以直接在项目浏览器中天花板平面的"天花完成面"视图中绘制结构梁，但记得要修改默认的视图范围，保证能剖到墙体。

其次，建筑样板中没有混凝土矩形梁的族，所以需要从 Revit 自带族库中提前载入该族。

实际操作 ▶▶

1. 双击"天花完成面"进入视图，打开视图范围（快捷键 VR），将剖切面的偏移值改为 −100mm，此时的剖切高度为完成面以上 2300mm，能看到所有墙体，方便绘制结构梁。

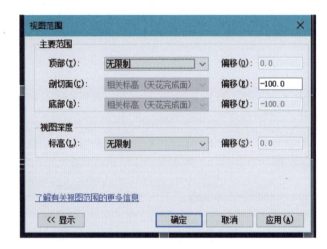

2. 从族库默认路径中载入混凝土矩形梁的族，并在本项目方案的相应位置绘制矩形梁。绘制完毕后在三维视图检查，将和墙体冲突的地方进行调整（实际工程中，结构梁和承重墙是建筑的承重整体，所以结构梁和承重墙谁剪切谁不重要，但填充墙需要被上述两者剪切，调整剪切关系时注意这点即可）。

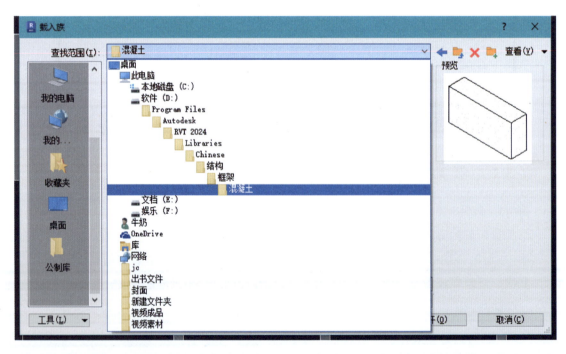

3. 修改梁的投影线颜色，满足出图要求。

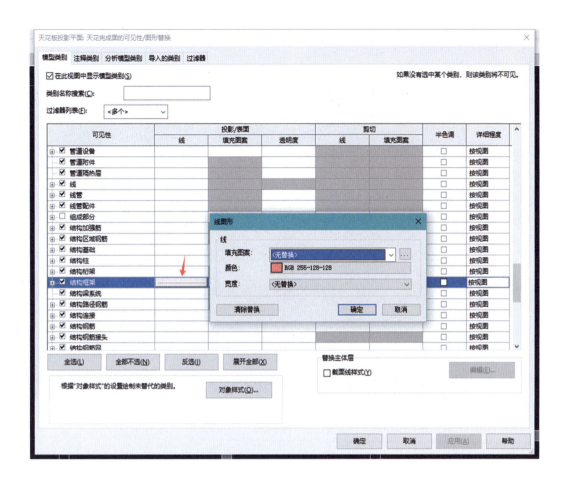

2.7 绘制楼板

建模思路▸▸

楼板位置在毛坯面标高和顶面标高两处，可以先绘制楼板底板，再复制底板至顶面。

实际操作▸▸

1. 双击进入楼层平面的"完成面"视图，激活建筑面板下的建筑楼板命令，新建楼板类型，修改楼板厚度，切换标高为"毛坯面"，沿着墙体外边缘绘制即可。如有卫生间楼板沉降等情况，需要单独给卫生间绘制楼板底板。

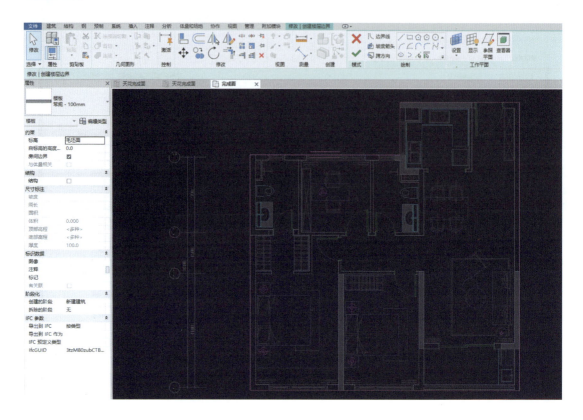

2. 在三维视图，选中刚刚绘制完毕的楼板底板，先单击复制按钮复制到剪贴板，再单击粘贴的下拉箭头，选择与"选定的标高对齐"，在弹出窗口中，标高选择顶面，楼板顶板即绘制完毕。

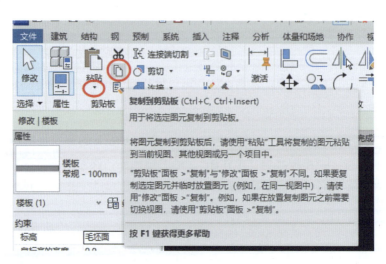

2.8 创建门窗

Revit 默认的门窗都无法满足室内出图要求，需要自己重新制作门窗族。

门窗族制作有三个注意事项：①要做成参数控制，方便后续项目重复利用；②在团队人员充足、软件掌握熟练的前提下（两个条件缺一不可），建议采用各部件组合的形式制作族，即族包含族（比如门套、门扇、门锁分别是单独的"子族"，而整套门是"子族"互相嵌套组合形成的"母族"，也称为"嵌套族"），方便多人团队管理及维护族资源；③区分好子类别和颜色线宽等，此步骤极其重要，是控制线条外观的关键。

实际操作▶▶

1. 单击文件，选择打开族，在"建筑-门-普通门-平开门-单扇"的族库目录下，找到"单嵌板木门1"的族并打开，下面将以此为基础来制作满足出图要求的门族。

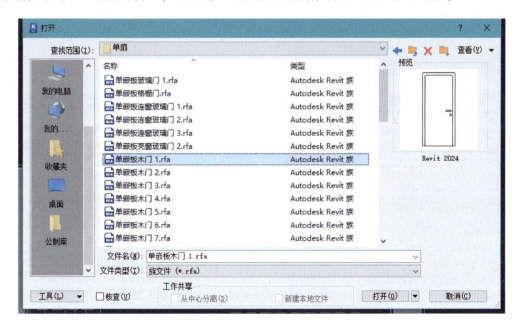

2. 双击项目浏览器中"视图-楼层平面"路径下的"参照标高"，进入"参照标高"平面视图。

3. 选中门锁，可以发现这个族已经是嵌套族的形式，不过门板和门套都不是子族，而是直接通过"拉伸"命令创建的。

4. 本次采用直接修改门"拉伸"的形式制作门族，将贴面宽度参数的四个"参照平面"选中后全部删除。

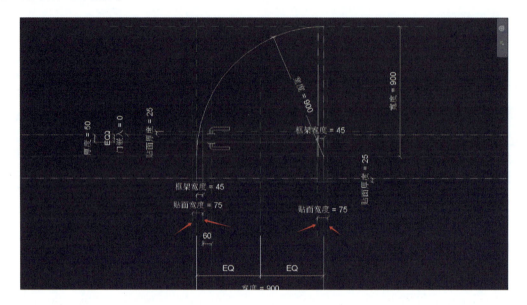

5. 将门套的三个"拉伸"也选中删除，这里需要自己定制门套的造型。

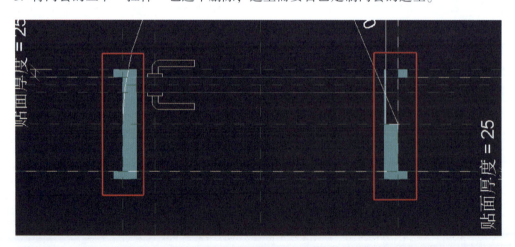

6. 双击项目浏览器中"视图-立面（立面1）-外部"，进入外部立面视图。依次单击"创建"面板下的"放样-绘制路径"，将门套的路径绘制出来，并单击完成（门套实体由"门套轮廓"沿着"门套路径"放样生成，绘制时先绘制路径，再绘制轮廓）。

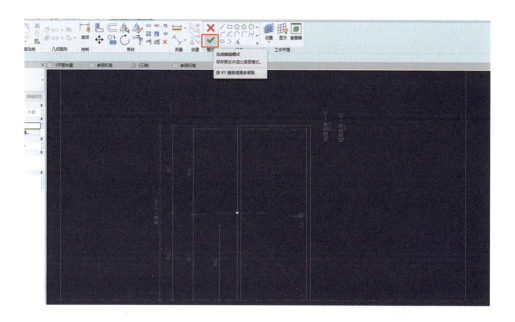

7. 此时完成按钮变成灰色，再单击"编辑轮廓"，弹出"转到视图"窗口，选择"楼层平面：参照标高"，单击打开视图，即回到了"参照标高"。

8. 以"路径"的"原点"为参照，用"绘制"命令绘制出设计好的门套截面轮廓，并单击完成按钮两次，即生成了完整的门套。

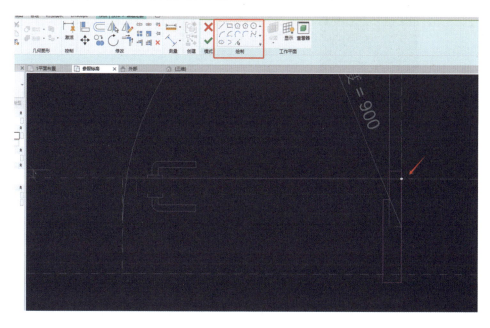

9. 此时一个简单的门套就生成了，且能根据门的宽度自动参变，进入三维视图，观察外观后，可继续调整轮廓，直至满足门套的外观要求。

10. 选中刚刚创建的门套，将属性栏中的子类别设置为"框架/竖梃"。

此时，门族的制作工作看起来基本完成（其实还得调整，不着急），下面进一步清理族中的子类别。

11. 单击管理面板，打开"对象样式"界面，将"修饰"子类别删除，这是刚刚原始门套的子类别，已经不再使用了，所以删掉，这样载入到项目后，项目中的子类别才不会有多余的空白子类别。

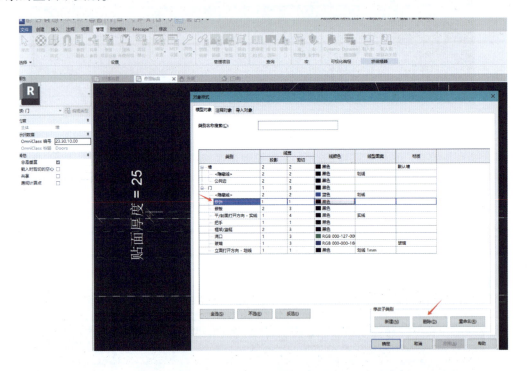

12. 在"对象样式"中修改门套、门板、门锁、平/剖面打开方向等各子类别的颜色，线型图案和线宽暂时不设置，因为族环境的默认配置和项目环境不同，后期在项目环境中统一调整。

13. 单击"载入到项目"，将门放置到墙体上，会发现效果和想象的有较大出入，虽然早就知道会出现这种情况，但还是希望读者先碰一碰壁，方便后面搞清楚逻辑关系。

首先是颜色相关的问题，比如有的子类别和族里设置的是一样的颜色，有的却不是，这个疑问将在第4章系统性解答，此处暂时搁置。其次是外观的问题，在项目环境下，有各种不同厚度的墙体，而在门族里的默认墙体厚度是 300mm，所以会导致偏差，将门族里默认墙体的厚度改成在项目中实际放置门的墙体的厚度，就能还原项目中门族的效果。

接下来继续进行轮廓调整。

14. 回到门族里，选中墙体，将厚度改为 200mm。

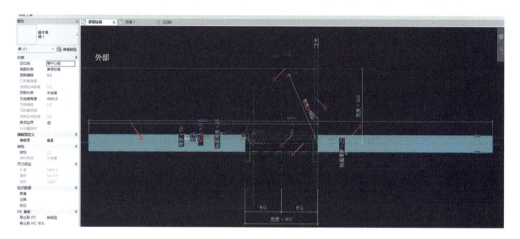

15. 双击门套，再双击门套轮廓，将门套边缘和参数"贴面厚度"的参照平面进行对齐锁定（可将鼠标指针悬停在命令上查看操作演示，对齐后单击出现的小锁进行锁定）。

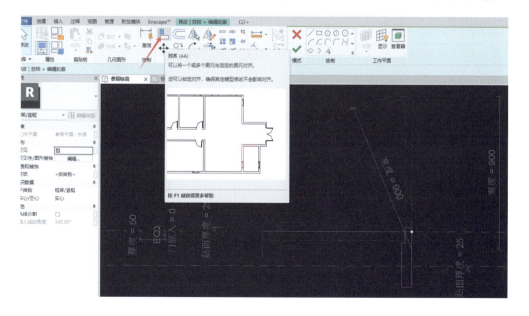

16. 单击两次完成后，轮廓已经和参数"贴面厚度"的参照平面绑定。再单击两次"贴

面厚度"参数，修改参数值，门套轮廓将随该参数值的变化而变化。

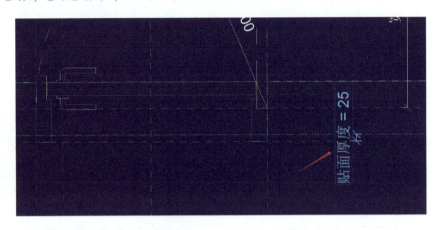

17. 再次载入项目，即可达到想要的效果。

扩展一下，项目中的墙体厚度并不都是200mm，如果希望在其他厚度的墙体上实现满足预期的效果，则根据上文的理解，利用"对齐"命令和参数、参照平面的组合去实现。参照平面可以利用现有的，也可以新建，位置在族环境的"创建"面板下。

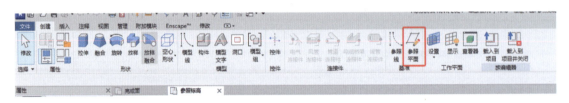

接下来将所有门窗族创建出来并载入至项目中，进入"完成面"的平面视图，把制作好的门窗族放置在底图相应位置即可，后续大部分工作均是基于完成面视图进行，不要选其他标高的视图进入，不然需要频繁修改默认标高。

第**3**章　装饰建模

3.1　绘制装饰墙

建模思路 ▶▶

普通的装饰墙和土建墙体一样，使用的也是建筑面板下的"墙"功能。另外一种是稍微特殊的带有墙砖的墙体，使用的是"幕墙"功能。

之所以使用"幕墙"而非普通墙，是因为"幕墙"可以很好地解决墙砖的分缝问题。使用普通墙虽然也可以通过材质的填充图案解决分缝问题，但在后期渲染的时候会留下隐患，无法体现灰缝；另一方面，使用"幕墙"则可以在明细表中提取砖的数量。所以，请大胆使用"幕墙"来创建带有墙砖的墙体吧！

另外值得一提的是，装饰墙的颜色和土建墙是不一样的，所以需要用到过滤器，来区分同样命令但不同类型的构件的颜色。

实际操作 ▶▶

1. 通过建筑面板下的"墙"功能，新建墙纸类型并修改厚度，赋予材质（务必要在材质浏览器里新建对应的材质，以确保后续出图标记时不会造成混乱）。

　　2. 在使用墙纸的各个空间里，沿土建墙体绘制新建的墙纸，勾选"链"，连接状态"允许"。当碰到门窗洞口时，不要刻意跳过，直接全部"包住"，一次性绘制完毕（当墙体的连接状态和预期不一致时，和土建墙体建模时一样，使用"不允许连接"的功能，可以解决绝大部分墙体连接混乱的问题）。

3. 创建岩板、木饰面等背景墙时，也可以采用上述步骤，使用墙纸复制，同时新建材质，修改厚度，并在相应位置绘制。

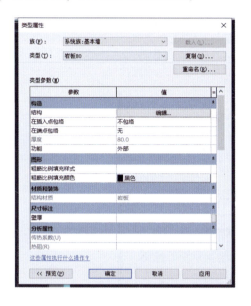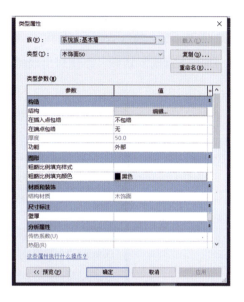

4. 在绘制墙砖之前，需要提前在"项目浏览器"中的"幕墙嵌板"分类下，通过"系统嵌板"中的"实体"类型复制一个"厨房墙砖"的类型。

5. 同样地，需要在材质浏览器中建立好相应的"厨房墙砖"的材质，同时把厚度修改

为 0.2mm（之所以是 0.2mm，是因为如果按照真实厚度设置为 12mm 左右的话，会导致图面多出一条线，不便于后期出图。至于为什么不是 0.1mm 呢？特定情况下如果设置为 0.1mm 可能会导致三维视图看不见分缝，不确定是否是版本之间的差异；如果没有异常，则可以设置为 0.1mm）。

6. 使用"幕墙"功能，新建厨房墙砖的类型。

7. 新建完幕墙的类型后，该类型的"幕墙嵌板"需要手动切换到刚刚新建的"厨房墙砖"的类型，其次单击垂直网格和水平网格"布局"后的下拉箭头，切换为固定距离，并设置好间距。"垂直网格"代表竖直方向砖缝的间距，"水平网格"代表水平方向砖缝的间距。

8. 通过上述类型将包含墙砖的空间全部绘制出来（小提示：如果地面和正负零标高存在高度差，则需要将墙体的"底部偏移"修改为相应高差的负值）。

9. "掏"门窗洞口。前面门窗洞口基本上都被装饰墙包住了，现在需要将它们"掏出来"。双击需要掏洞的装饰墙，即可编辑墙的边界，拾取对应的门窗外框线，便能快速生成洞口的草图线。

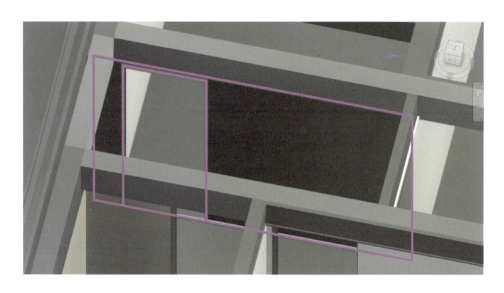

10. 由于草图线不能交叉，所以需要在适当位置打断草图线并修剪（TR 功能）。

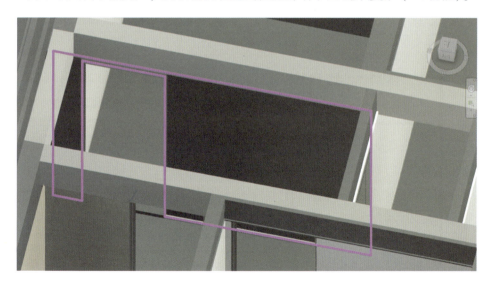

11. 重复上述步骤，即可将所有的门窗洞口全部"掏"出来。

12. 修改装饰墙的颜色。回到平面视图，打开可见性设置，切换到过滤器，单击"编辑/新建"，新增一个名为"装饰墙"的过滤器，勾选"墙"类别；在最右侧的过滤器规则窗口中，将规则设置为"和"（"和"即数学概念中的"交集"，"或"则是"并集"），条件设置为类型名称不包含"承重墙"和"装饰墙"，即可过滤出所有的装饰墙。

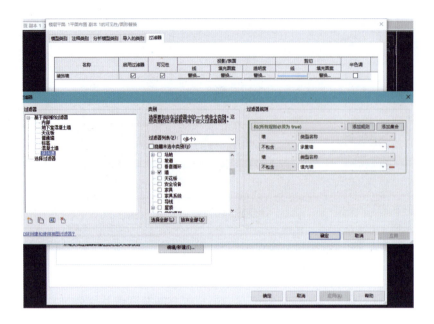

13. 将新增的过滤器添加进当前视图中。

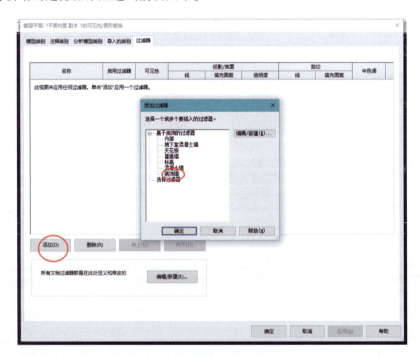

14. 单击"剪切"下的"线"按钮，替换为出图标准中指定的颜色，单击确定即可。

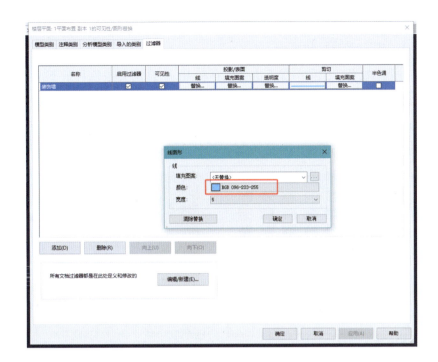

15. "幕墙"的颜色不会被"建筑墙"的过滤器影响，它在可见性设置的模型类别里有独立的类别。

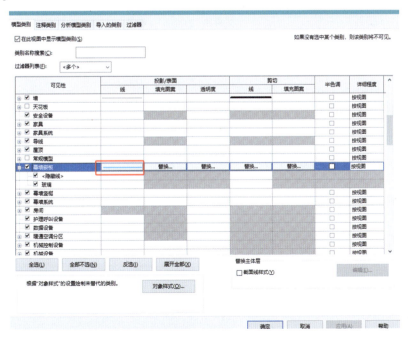

16. Revit 中多处对于投影面或者剪切面的定义比较混乱，并不是单纯的视角问题。所以在不熟悉的情况下两者都要做调整。

另外补充一个小技巧，想要将非标准色保存在 Revit 自定义颜色目录下，需要先单击自定义颜色下的空白颜色，再输入 RGB 值，最后单击添加按钮即可。

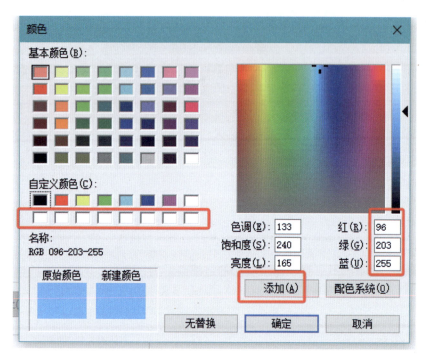

3.2　绘制踢脚板

建 模 思 路 ▶▶

创建踢脚板使用"墙：饰条"命令，需要用到轮廓族。

在三维视图操作更方便。

实 际 操 作 ▶▶

1. 进入三维视图，勾选剖面框。

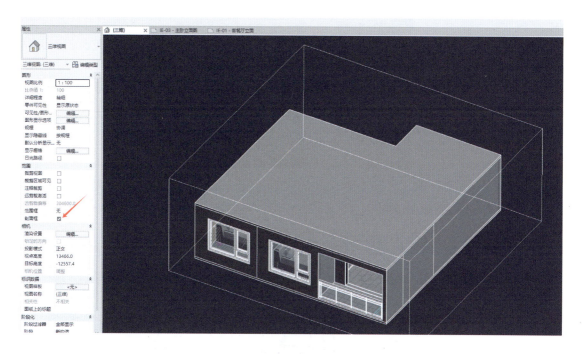

2. 选中剖面框，拖动操作柄，剖切到合适高度。

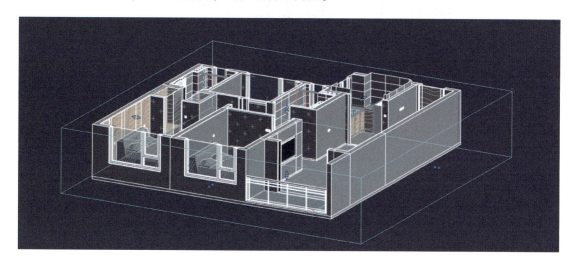

3. 激活建筑面板下的"墙：饰条"功能。

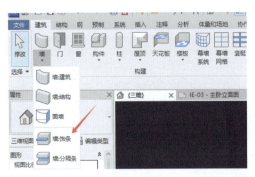

4. 单击任一墙体下侧，紧接着单击一次模型外的空白处，第二次单击不要碰到任何模型，此时系统默认的一种饰条就创建出来了。

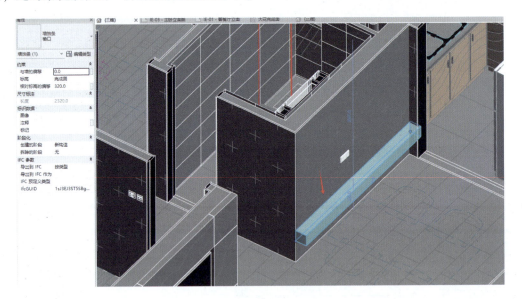

5. 系统自带的饰条外观不符合使用要求，需要新建一个踢脚板的轮廓。单击"文件-新建-族"。

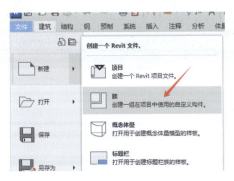

6. 找到"公制轮廓"族样板并打开。

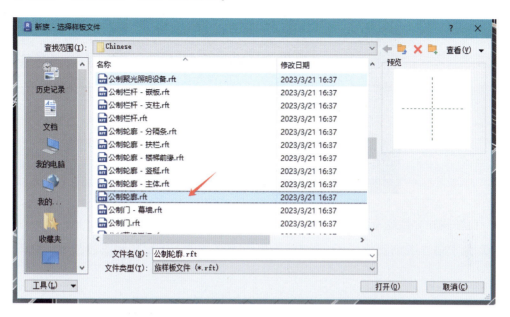

7. 垂直参照线左侧是墙内侧，右侧是墙外侧，垂直参照线位置是墙面位置，所以创建轮廓时紧贴墙面，绘制出踢脚板的截面轮廓。

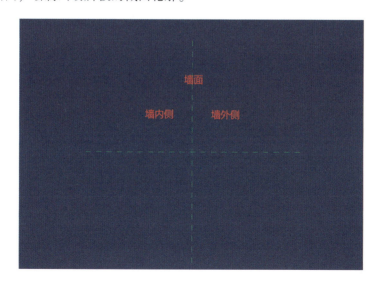

8. 绘制出踢脚板的截面轮廓。

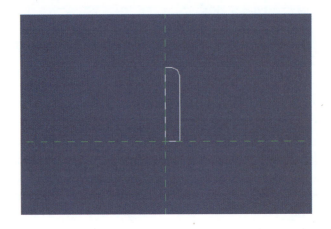

9. 保存该族，并载入至项目。

10. 选中第一次创建的"墙：饰条"，单击编辑类型，将轮廓修改为刚刚保存的踢脚轮廓。

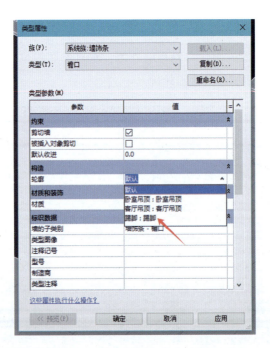

11. 单击确定后，踢脚板则创建完毕，选中踢脚板，单击上下文选项卡的"添加/删除墙"命令后，再依次单击相邻的其他墙面，则可以将整个空间的踢脚板一次性创建出来，最后调整踢脚板的标高，紧贴地面装饰。

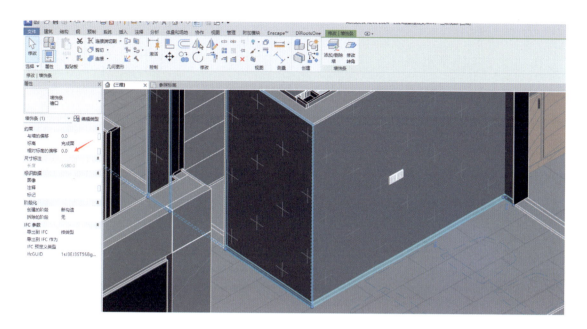

12. 选中相交处的踢脚板，拖拽调整踢脚板的两个端点，可去除多余的部分。

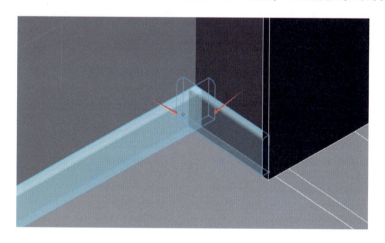

3.3 绘制墙面装饰拉槽

建模思路 ▶▶

　　墙面装饰拉槽的创建使用"墙：分隔条"命令，和"墙：饰条"功能类似，这两个功能都需要用到轮廓族，且能共用。"墙：饰条"是在墙面做加法，即在现有墙体的基础上增加实体；"墙：分隔条"则是在现有墙体上做减法，也就是开槽。

1. 单击"文件-新建-族"。

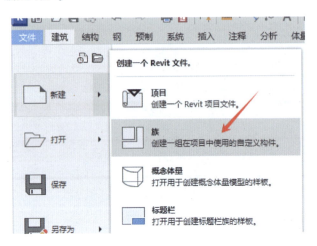

2. 找到"公制轮廓"族样板并打开。

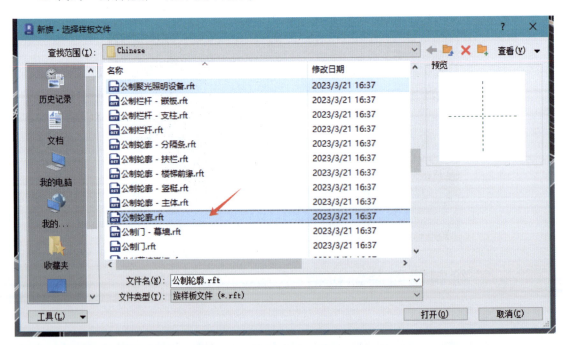

3. 和踢脚板不同，如果是用作开槽的轮廓，垂直参照线的左侧是墙外侧，右侧是墙内侧，所以依旧在右侧绘制开槽的轮廓。

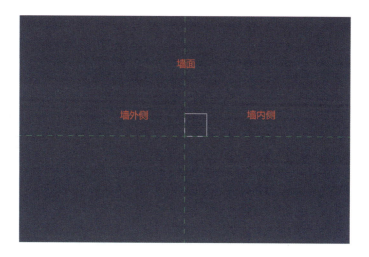

4. 绘制完毕后，保存该族并载入至项目。

5. 激活"墙：分隔条"命令。

6. 单击编辑类型，将轮廓切换为刚刚载入的墙面拉槽轮廓族。

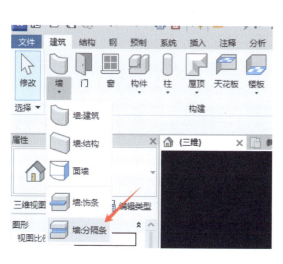

7. 选择上下文选项卡的放置方向。

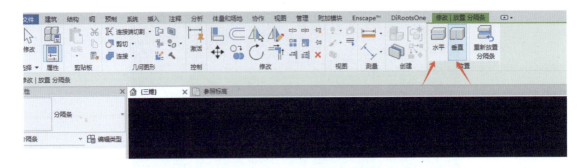

8. 单击装饰墙，再单击空白处，即可创建出装饰拉槽，可在同一墙面多次使用该命令。选中已经创建出来的拉槽，拖拽操作柄端点，可自由调整拉槽尺寸。

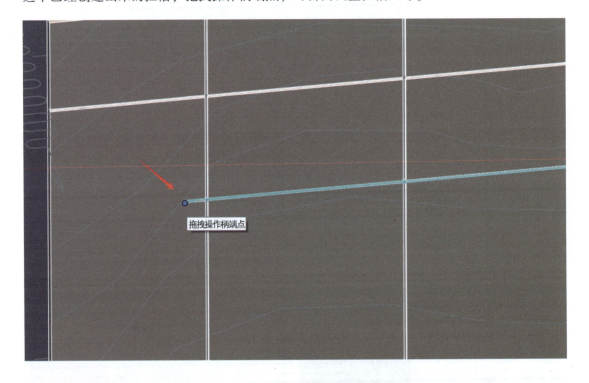

3.4 绘制家具

软装家具是 Revit 做室内设计的一大痛点，有三个主要原因：①优质家具族的公开资源少；②通过 Revit 原生功能制作的家具族，看起来都是方方正正的豆腐块，没有质感，无法

达到 3ds Max 等软件做出来的效果；③即使是制作精良或者通过其他软件格式转化过来的家具族，也无法满足二维出图表达的要求。

本书主线的软装家具采用的是二维家具族，制作过程比门窗族要简单很多，用模型线代替三维部件，也不需要采用族中族的形式。本书也会做三维家具渲染工具的介绍，不过放在最后一章，因为这部分内容不影响出图流程，只是在出图的基础上新增了渲染素材来源的内容。

接下来进入二维家具族的制作环节。

1. 这里以"双人床"为例，选择"公制家具"的族样板新建家具族，将 DWG 格式的"双人床"图例载入族的平面视图（如果看起来比例不对，可以将视图比例调小，直到能看清为止）。

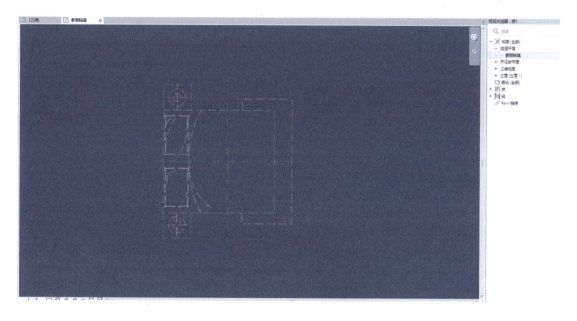

2. 提前设置好各个不同颜色的子类别，建议直接用颜色来命名，并修改好对应的颜色及线型，方便后续在项目环境下统一管理族的颜色、线型以及线宽。线宽暂时不设置，后续统一调整。

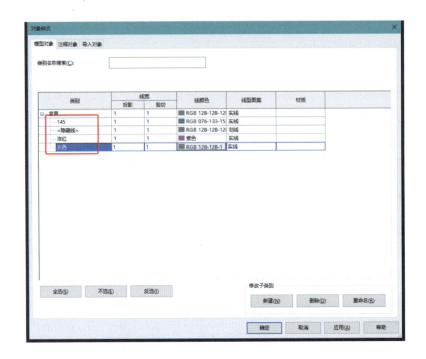

3. 线型图案设置入口在管理面板下的其他设置里。以虚线为例，新建时，"空间"是空隙的长度，"划线"是单位线段的长度，其他还有"圆点"类型，可与"划线"组合使用。

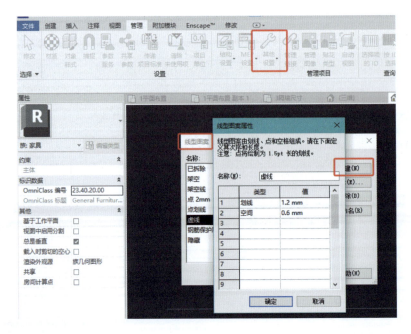

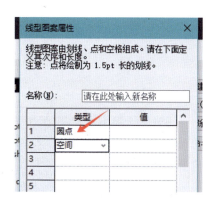

4. 新建线型图案后，在对象样式中把子类别的线型修改为新建的线型图案。

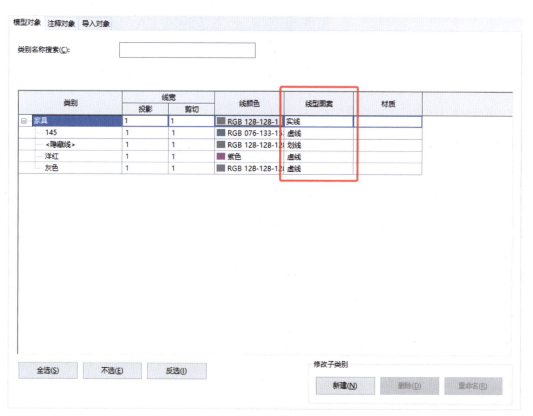

5. 激活"模型线"命令，选择好颜色对应的子类别（一般为投影），分别采用拾取的方式绘制底图的各个线条。

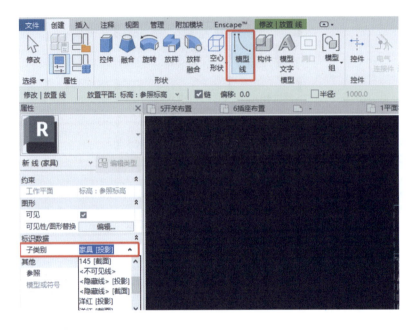

6. 添加适当的参数控制，方便复用。

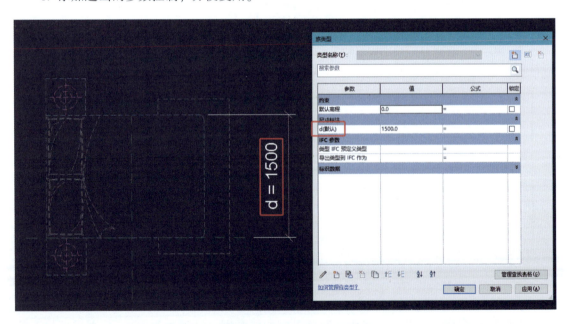

7. 将项目所有用到的家具族（定制柜体、厨具卫浴等除外），都按照上述步骤做出来，并放置在项目环境中。

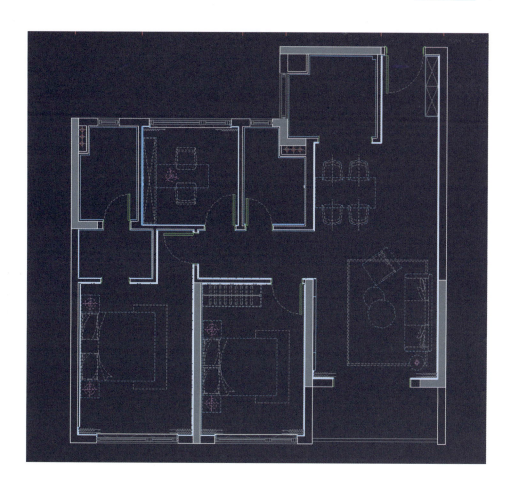

3.5 绘制厨具、卫浴

建模思路 ▶▶

厨具卫浴等硬装内容的三维族在 Revit 自带的族库以及各类公开族库里都可以找到，资源相对丰富，且造型较为统一，所以可以利用已有的资源来制作兼顾二维表达的三维族。

制作的时候一般也有两种情况，一种是不需要添加二维详图线，直接把部件的子类别换掉就行，原投影即二维投影；另一种是原投影不满足要求，需要添加二维详图线辅助表达。

实际操作 ▶▶

这里以浴柜为例，其原投影不满足二维表达要求。

1. 打开找到的浴柜族，新建代表卫浴颜色的子类别，并修改好对应的颜色及线型。

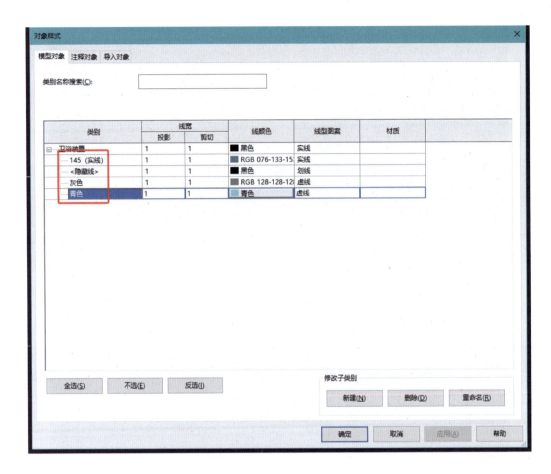

2. 选中所有部件，在可见性设置中取消勾选"平面/天花板平面视图"。

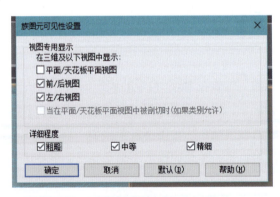

3. 切换到楼层平面的参照标高，激活注释面板下的"符号线"命令，并在属性栏中切换为相应子类别，并绘制出浴柜的内外轮廓，不同颜色的部件要使用各自对应的子类别。

4. 将符号线和各自对应的三维实体进行对齐约束，这样可以使二维表达跟随参数控制，到这里第一个族就修改完成了。

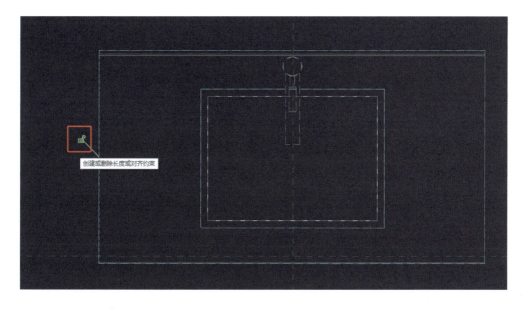

5. 将项目中所有的厨具卫浴族按照上述步骤全部修改完毕，并放置在项目环境中。

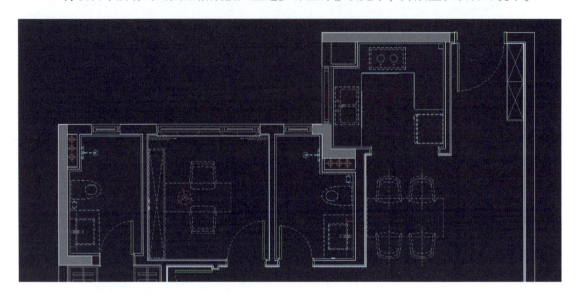

3.6 绘制地面装饰

按照建模顺序，是该进行地面装饰建模了，但是实际操作时并不建议在完成面视图进行此步骤，而应该在地面铺贴图视图进行。而此刻还没有地面铺贴图的视图，也不建议现在复制视图。此步骤放在 4.9 节（地面铺贴图出图）开始前最佳，这样可以在一个相对整洁的视图下，建地面装饰模型，不易被其他模型和标注干扰。

地面装饰建模方式主要有三种：楼板、天花板、屋顶里的玻璃斜窗。

最常规的做法当然是楼板，天花板和楼板的区别就是可以设置为没有厚度。使用"玻璃斜窗"做地面和使用"幕墙"做墙砖原理一样，可以算量，但是灵活度较差，毕竟地面造型不是单纯的横平竖直，要根据实际需求选择。

还有一个重点就是填充图案，填充图案有两种，绘图填充和模型填充，这两种填充方式最大的区别就是模型填充的纹路可以被选中，也就意味着可以被对齐和标注尺寸，对于地砖这种规整的材料用模型填充再合适不过了，但对于木地板来讲就比较复杂了。

木地板的填充，可以直接将 CAD 的填充图案（pat 格式的文件）导入到项目里，这种方式导入进去的都是绘图填充，也就只是一个示意，无法被对齐和标注尺寸。

实际操作 ▶▶

1. 激活建筑面板下的楼板命令，使用常规100mm的楼板复制出"木地板"类型，并进入结构中修改厚度、新建材质、选择贴图、添加填充图案。

2. 沿着装饰墙外边缘（离土建墙较远的一侧）绘制出使用相同型号木地板的空间的地面装饰。

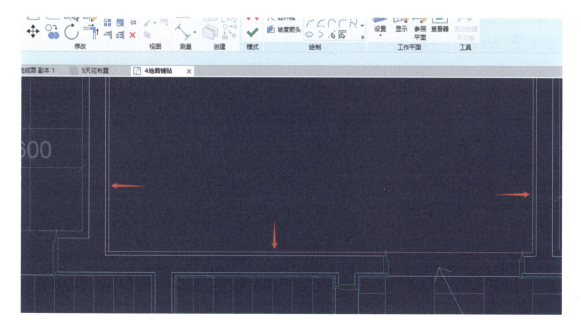

3. 模型填充图案是有方向的，调整方向时，不需要重新新建一个模型填充图案，仅需在绘制楼板时，画一个横着或者竖着的任意矩形，再重新去编辑它的边界就行了。下图就是通过同一个楼板类型绘制出来的木地板，仅仅是因为绘制时矩形草图"横着"和"竖着"的区别，就改变了填充图案的方向，这是一个特别实用的 Revit 技巧。

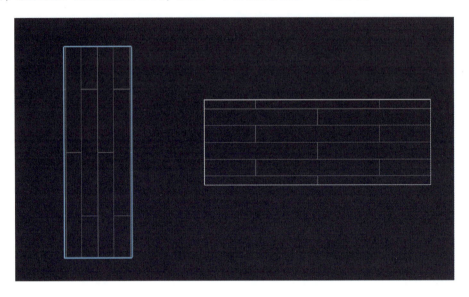

4. 继续绘制其他空间的地面装饰，一旦其他空间更换了材质甚至是型号，都需要重新按照步骤 1 新建族类型和赋予相关属性，这是后续材质标记识别的关键。

5. 放置地漏。在 Revit 自带族库"MEP—卫浴附件—地漏"的路径下，找到符合要求的地漏载入项目，放置方式选择"放置在面上"，即可吸附在楼板上（该类族默认在详细程度为精细时显示真实外观，否则显示为图例，也可进入族中修改该默认设置；放置时如果提示不可见，则需要检查视图范围，因为卫生间一般有 20mm 沉降，将视图范围的视图深度调整为 − 20mm 即可）。

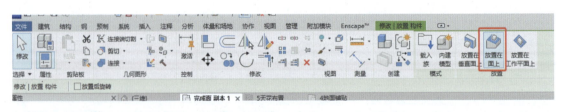

6. 双击地漏，进入族环境查看地漏的族类别及子类别，并返回项目中可见性设置里调整地漏的颜色（项目中需要勾选"管道"类别才可找到族类别进行修改）。

3.7 绘制吊顶

建模思路 ▶▶

　　和地面装饰部分建模一样，并不建议在完成面视图绘制吊顶，此步骤在4.10节（天花布置图出图）开始前进行最佳。

　　水平方向的吊顶使用"天花板"命令，垂直方向的使用"建筑墙"命令，特殊造型部分的用"内建模型"命令和"轮廓族"，比如石膏线、有造型的石膏板等。如下图所示的轮廓族，红框中左侧是特殊造型部分，这部分不用"内建模型"命令的话很麻烦，右侧灰色直线示意的是平吊部分，用"天花板"或"楼板"命令建模。

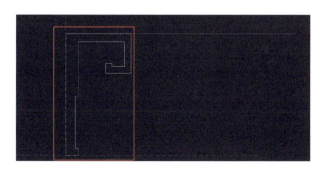

另外就是如果项目有铝扣板吊顶部分，既可以用"天花板"命令，也可以用"玻璃斜窗"命令，使用条件和装饰墙类似。建模顺序一般是先难后易，先把复杂的部分用"内建模型"命令绘制出来，剩余空白的部分用"天花板"命令补充完整即可，一般不需要用到"建筑墙"命令。

实际操作▶▶

1. 激活"建筑"面板下的"内建模型"命令，选择族类别，比如"天花板""屋顶"都可以，选择"天花板"就会跟着平吊部分一起被可见性设置中的"天花板"类别控制，选择"屋顶"则单独被"屋顶"类别控制，根据实际需求选择。

2. 命名完后，采用"放样"的方式绘制特殊造型，紧接着绘制轮廓的路径，一般是一个矩形（例如客餐厅顶上的一圈石膏造型，此步骤需要提前将轮廓族创建完毕并载入。轮廓即特殊造型的"竖截面"，吊顶中除了大面积的平面范围，其余部分均建议做在轮廓族内）。

3. 新建轮廓族，使用"公制轮廓"族样板，将特殊造型部分的"竖截面"绘制在轮廓族内，形成封闭的围合区域，平吊部分则不体现在轮廓族里。完毕后保存轮廓族，并将族载入项目环境中。

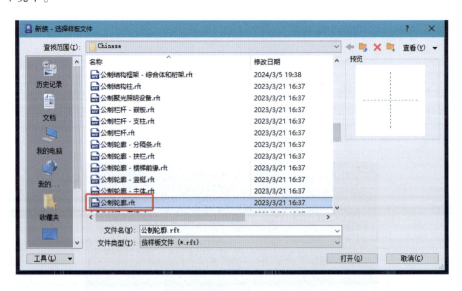

4. 在路径绘制完成之后，就可以选择刚刚载入的"轮廓族"，再单击两次完成即可完成

绘制，再去三维视图看具体形态。如果需要翻转，可以双击该"内建模型"，在属性栏勾选"轮廓已翻转"，如果要调整尺寸，可以继续编辑该"内建模型"所引用的轮廓族并重新载入覆盖。

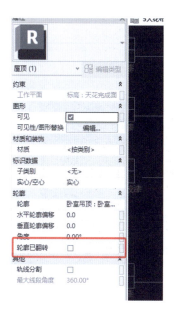

5. 激活"建筑"面板下的天花板命令，将平吊部分补充完整。和装饰墙类似，需要创建新类型，赋予新材质，不要偷懒，所有基础工作做完之后，将所有的平吊顶部分创建出来。

3.8　制作和放置灯具

建模思路 ▶▶

此步骤放在 4.11 节（灯具布置图出图）开始前进行最佳。

这里提到的灯具，它在 Revit 里的族类别是"照明设备"，而在系统面板"设备"折叠的第二栏中的"照明"或者"灯具"（不同版本的描述），指的是开关面板的族，有差异的原因也是翻译问题。

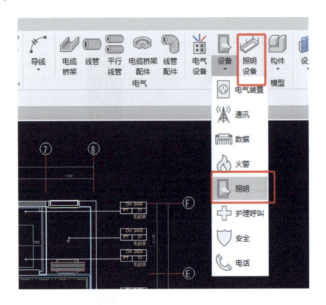

灯具可以直接利用 Revit 自带族库中的族进行修改。

以筒灯为例。

1. 单击文件，选择打开族。

2. 找到"建筑-照明设备-射灯和嵌入灯"文件夹，打开名为"筒灯1"的族。

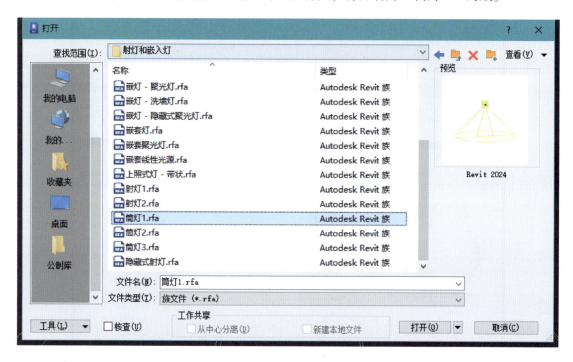

3. 通过选项卡最上面的"默认三维视图"按钮，进入默认三维视图，该族由常规的三维实体、被放置的主体、"光源"三部分构成。族中存在被放置的主体，则代表该族只能放置在该主体类别的构件上。

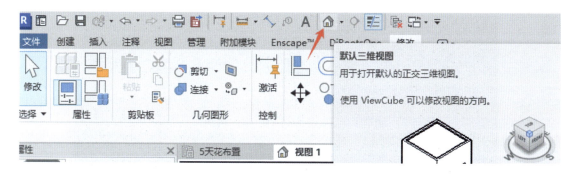

4. "光源"的轮廓表示了光线传播的方向，并不是实体模型，为了修改方便，可将"光源"暂时隐藏。

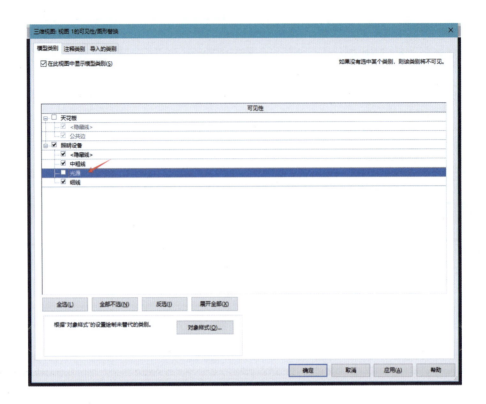

5. 由于该族是天花板视图的构件，所以进入天花板平面的"参照标高"。同样先隐藏"光源"，就能看到三维实体的投影，以及二维平面表达。

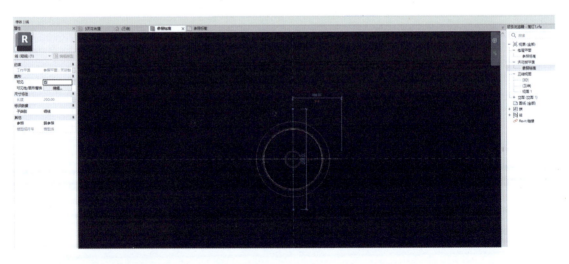

6. 多次按 Tab 键选中"洞口剪切"并删除，因为它会影响项目中二维平面表达。

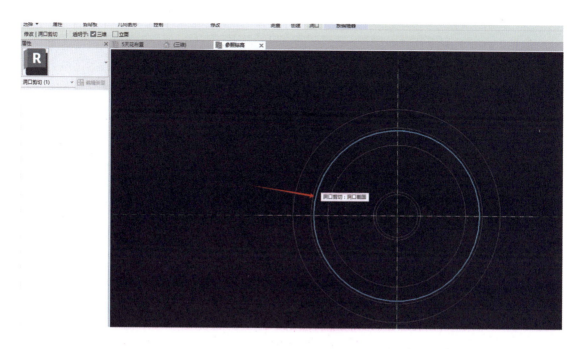

7. 选中三维实体，打开可见性设置，能看到三维实体不在平面或天花板视图显示，取而代之的是二维平面表达的模型线。

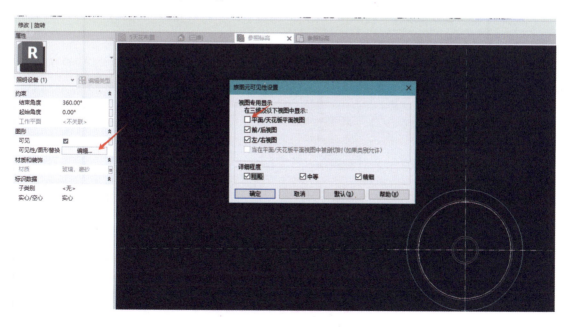

8. 按 Tab 键选中模型线，修改模型线的子类别为"照明设备"。

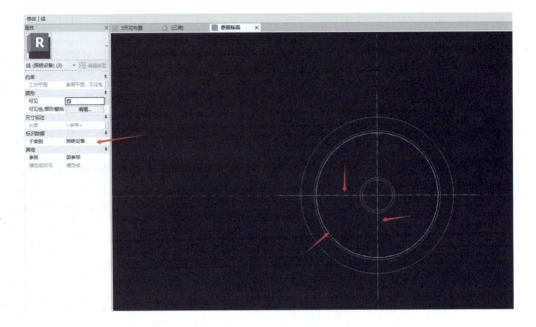

9. 打开对象样式，在"照明设备"分类下新建一个名为"灰色"的子类别，并修改颜色为灰色。

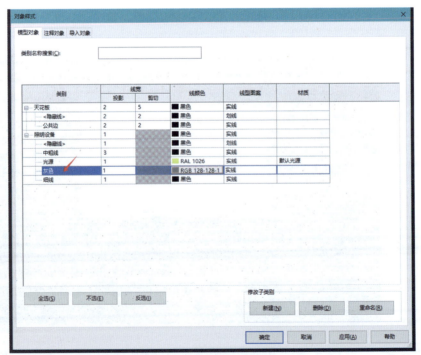

10. 激活创建面板下的"模型线"功能。

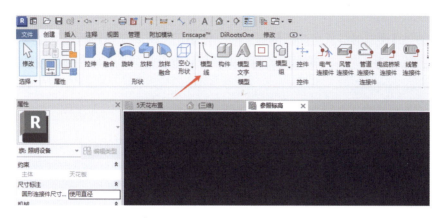

11. 选择刚刚新建的"灰色"子类别。

12. 绘制一个略小于原生二维平面表达的圆，子类别即为"灰色"。

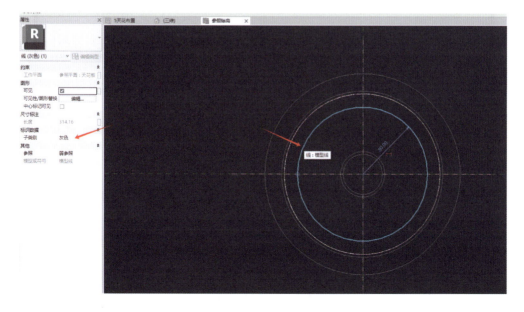

13. 另存为该族，并载入至项目环境，在任意天花板平面视图的天花板上放置一个该族。

14. 因为所有视图的灯具平面图例都为同一种颜色，例如紫色，所以要在项目环境下打开对象样式，修改为紫色，这样在所有的视图，灯具都会是紫色，不用每个视图都去调整。

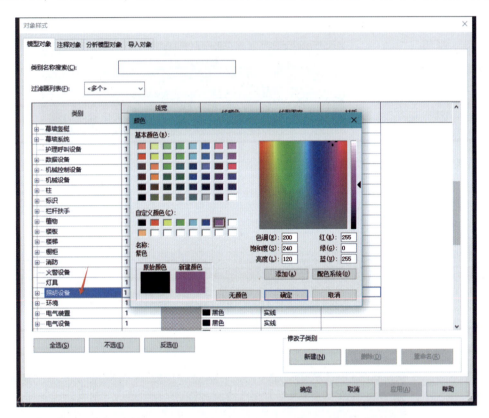

15. 将所有灯具都按照上述方法进行制作和放置，即可完成灯具部分的内容。

3.9   放置开关和插座

建模思路▶▶

和前几节一样，并不建议在完成面视图放置开关和插座，而是分别放在 4.13 节（开关控制图出图）、4.14 节（插座布置图出图）开始前进行最佳。

开关和插座在 Revit 自带族库里都有，路径是：\ Libraries \ Chinese \ MEP \ 供配电 \ 终端，我们拿现有的修改就行。

实际操作 ▶▶

1. 这里以双联开关为例，打开 Revit 自带族库，找到终端文件夹，打开"双联开关 -暗装"族文件。

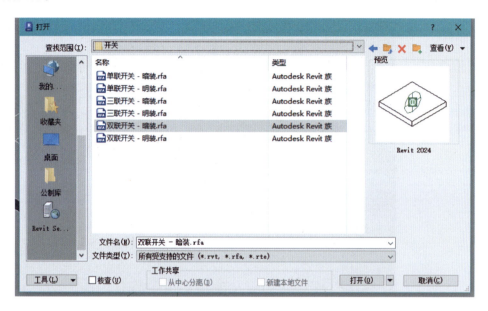

2. 切换到"参照标高"视图，这里的二维表达，都是独立的注释族，显然，这个族本身也是一个"嵌套族"。

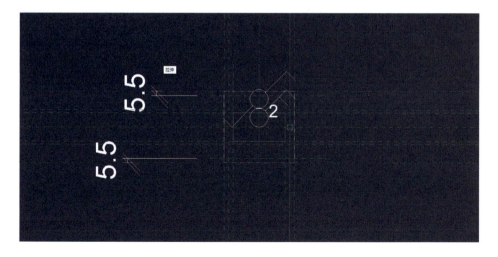

3. 选中并双击二维表达族，即可进入常规注释族的编辑界面。

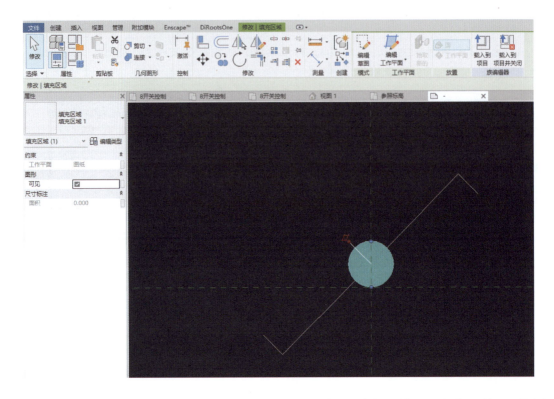

4. 进一步利用"线"命令进行编辑，也可自行添加"填充区域""文字"等，还原出图标准中的图例样式（族里字体类元素的颜色都可以直接在编辑类型里调整，比如文字和标签，且都能被项目所继承。线条类元素则需要在对象样式里新建和调整）。

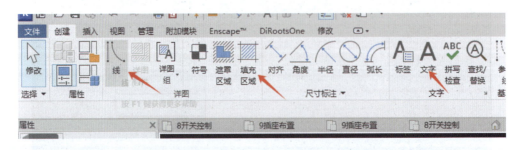

5. 按照上述步骤将所有的开关插座都创建出来，并放置在相应视图中。

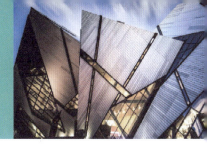

第**4**章　平面图出图

本章涉及的图纸名称、图纸种类、图纸顺序可能和读者团队现有出图标准有少许出入，但这并不影响阅读本书，因为出图要素在大多数标准中都是一致的，本书主要是在传递思路和方法。

言归正传，既然到了出图环节，就该好好讲讲 Revit 中颜色、线型图案、线宽、材质的继承关系了。

项目对族的继承规律

在实际项目中，修改族的某个构件的颜色、线型图案或者线宽的时候，常常会碰到明明在族里修改好了颜色、线宽等，为什么会出现载入到项目里之后还是没有变化，而"有些时候"又会有变化的现象，比如前面制作门族的时候就是这样。包括在材质上也会出现这个问题，明明在族里修改好了材质的填充图案以及颜色，载入之后还是没有变化，而"有些时候"却又能奏效。

以上出现的种种不确定性变化，涉及一个很重要的 Revit 软件逻辑：项目对族的继承规律。

类别	线宽		线颜色	线型图案	材质
	投影	剪切			
墙	1	4	黑色	实线	默认墙
＜隐藏线＞	2	2	黑色	划线	
公共边	1	4	黑色	实线	
门	1	1	黑色	实线	
＜隐藏线＞	2	2	蓝色	划线	
嵌板	1	3	黑色	实线	
平面打开方向	1	1	黑色	实线	
把手	1	1	黑色	实线	
框架/竖梃	1	3	黑色	实线	
洞口	1	3	黑色	实线	
玻璃	1	3	黑色	实线	玻璃
立面打开方向	1	1	黑色	实线	

上图是一个门族的对象样式界面，红框中的每个类别都是这个门族的一个子类别。重点来了，如果是在项目环境下打开的这个门族，并且这个门族之前就已经载入到项目里，那么在族里所做的任何关于子类别外观的调整都是"无效"的，这些修改在重新载入项目之后并不会生效。当然这只是看不到生效，实际上修改对族本身而言是奏效的，修改也可以保存，但是对于这个族所在的项目来说，修改是徒劳的，想要修改项目环境中子类别的颜色、线型图案或者线宽，需要在项目里的对象样式或者可见性设置里，找到对应的子类别去修改。

在项目中，上述的几个子类别并不是一直存在的，是因为族里存在，并且族被载入到项目中，所以这几个子类别存在于项目中（项目样板本身包含了族也等于这种情况）。也就是说，如果这个门族并没有被载入到项目中，并且项目中之前也不存在这几个子类别，那么此时打开这个族，在族环境中编辑它的子类别的颜色、线宽、线型图案，在载入之后，是可以直接被项目继承的，也就是改动生效了。

如果是在项目环境中打开已经载入过的族，编辑子类别的颜色、线宽、线型图案的时候，只需要给该子类别换一个项目中不存在的子类别的名字再载入就可以了。不过，这只是为了方便读者理解规律，在实际项目中不建议这么做，因为这样会导致项目里无用的子类别增加，干扰项目里的可见性设置。

材质浏览器里的材质也遵循以上规律。现在，可以试试分别在项目环境和族环境中调整门族的子类别颜色了。

线属性调整优先级

在讲解装饰建模时，已经对线属性之一的颜色做过多次调整，调整界面大多在视图的"可见性"里，实际上，在"对象样式"里也可以调整线属性，但"对象样式"是全局调整，也就是会对整个项目生效，所以对于在所有视图都保持同一种外观的族类别来讲，在"对象样式"里调整线属性会更方便，例如灯具的线属性，都是多张图保持一致的。装饰墙其实也是如此，但装饰墙必须用到过滤器，所以并不方便由对象样式控制。

总的来讲，Revit 的线属性调整范围由大到小的顺序是：对象样式 > 可见性 > 过滤器；显示优先级则反之，由高到低的顺序是：过滤器 > 可见性 > 对象样式。同一视图中，如果族类别的线属性在以上多处都有调整时，只有优先级最高的设置在当前视图优先显示。

4.1 线宽调整

出图思路 ▶▶

线宽和线型的原理类似，管理着项目里所有线条的宽度，这两者相比线的"颜色"来说，都有一个统一管理的入口。所以要先设置好管理线宽的基础数据，再逐个去修改各类族的线宽数值。

实际操作 ▶▶

1. 线宽的管理面板在其他设置里，一般各自团队用到的线宽的种类和比例都不会太多，一般6~8个可选的宽度即可，所以只需要修改上面6~8行乘以比例种类的数据。

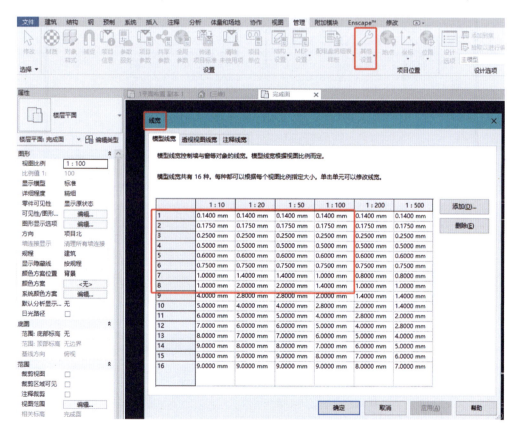

2. 先按照团队的标准修改好数值，再添加缺少的比例（比如还有常用的1:5、1:25等），这样新增的比例可以直接继承修改后的数值。

3. Revit 的线宽数值，和 CAD 的打印样式数值，在视觉效果上有一些出入（查看效果时确保关闭了细线模式，快捷键：TL）。如果发现实际呈现的效果不太理想时，请大胆调整线宽的数值，达到满意的效果即可，不必刻意追求数值的一致性，毕竟这是两款不同的软件。

4. 逐个修改各类族及其子类别的线宽，比如家具、厨具、卫浴、门、窗等，入口均在调整线颜色的位置。

4.2 绘制轴网

出图思路 ▶▶

多专业协同的工作模式下，一般会有建筑专业提资的轴网文件，轴网文件建议单独新建一个文件，方便各专业链接。有修改轴网样式的需求，则需要重新绘制轴网。

先绘制标号为 1 和 A 的轴网，这样方便后续直接复制连续标号的轴网。

实际操作 ▶▶

1. 激活建筑面板下的轴网命令，在编辑类型中可以设置轴网的样式，沿着底图或者其他专业的提资文件绘制一条轴网；调整轴网外观设置后，再复制出其他轴网（标头过大一般是视图比例还未调整的原因，将视图比例调整为自己团队出图标准中的常用比例即可）。

2. 使用注释面板下的对齐命令对轴网间距进行标注，激活该命令时，亦可在编辑类型中调整相应的外观设置等。

4.3 复制平面视图

▶▶

在复制视图之前，要将所有平面视图共性的设置调整完毕，避免后续多次调整。平面图不采用视图样板的形式出图，因为每张平面图的表达形式都各有差异；相反，在后续立面图出图过程中，则需要采用视图样板的形式。

利用"完成面"视图可以复制所有的"俯视图"类型的视图，但还有"仰视图"类型的视图，也就是天花视图，需要重新新建。

新建出来的天花视图几乎是空白的，很多基础内容都需要重新调整，比如视图比例、视图范围、可见性设置、详细程度、视觉样式等。

▶▶

1. 检查完成面平面视图的各项设置，例如比例是否切换为常用比例，详细程度是否切换为"精细"，视觉样式是否已经设置为"隐藏线"等。

2. 修改完成面平面视图的视图名称，例如改为"1 平面布置"，命名形式与出图标准一致，前缀带数字方便记忆视图的顺序和位置。

3. 右键单击"1 平面布置"视图，选择复制视图中的"带详图复制"，这样可以把轴网等的标注都复制出来。

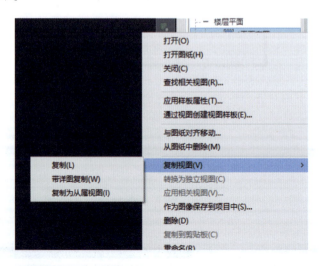

4. 接下来将所有的楼层平面视图都复制出来，命名参照出图标准。

5. 利用"天花完成面"的标高创建天花视图，单击"视图"面板下的"天花板投影平面"，在弹出的窗口中，选择"天花完成面"，并单击确定，生成天花视图。

6. 调整"视图范围"，默认的视图高度已经在"天花完成面"标高了，为了看到"天花完成面"标高以下的内容，需要将"视图范围"的"剖切面"偏移值改为负值，比如"-500mm"，那么此时的剖切高度大概在1900mm（以天花板高度为2400mm计算）。

7. 此时已经能看到所有平面视图的内容了，接下来将视图比例、视图范围、可见性设置、详细程度、视觉样式等设置依次按照出图标准还原即可。

8. 调整完毕后，将"天花完成面"视图重新命名为"5天花布置"，并以此为基础复制出所有剩余的天花视图，比如"6灯具布置""7灯具选型"等视图。

4.4　制作材质标记

出图思路 ▶▶

材质标记在大部分图纸中都会出现，标记的外观根据实际需求会有细微变化，但都是采用"材质标记"的族类别，标记主体（即被标记的对象）也都是族的材质而非族的类型属性。

在要素上，材质标记中除了材质名称，往往还需要在材质标记里体现材质英文缩写、型号等要素。在形态上，大概有两类，一类是"两层式"的材质标记，用到的图最多，立面图也包含这类标记；第二类是天花布置图采用的"三层式"材质标记，含标高，所以比"两层式"的材质标记需要多做一个承载"标高"属性的标签。

在 Revit2022 版本及以后有一个可以识别族实例标高的标签："自标高的高度偏移"，但不建议采用，一是它并不属于材质标记，毕竟材质没有标高这种属性，用的话必须启用"按类别标记"的路线；二是它自动识别的是默认标高的偏移值，由于建模的时候，吊顶一般在天花视图建模，所以使用这个标签得到的值其实是相对于"天花完成面"标高的偏移值，大部分值其实是"0"（大部分吊顶本身就处于这个标高），虽然可以手动调整每个吊顶的默认标高，但也得不偿失。

实际操作 ▶▶

1. 在插入面板选择载入族，找到"注释-标记-建筑"路径下的"标记_材料名称"族，选择载入。

2. 激活注释面板下的材质标记功能，选择刚刚载入的族类型，先拾取任意地面装饰进行一次标记，看看效果，因为默认材质标记中标签选的是"说明"属性，所以第一次标记

出来会是一个问号，没有属性值。

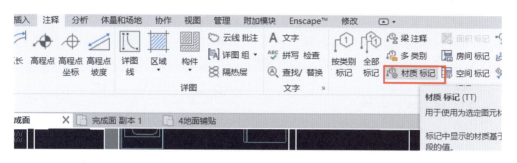

3. 双击已经放置的材质标记族，进入标记族编辑界面，进入后里面是一个标签和线的集合，可以自动识别标记主体的材质名称。单击创建标签，单击空白处便弹出标签选择的界面。

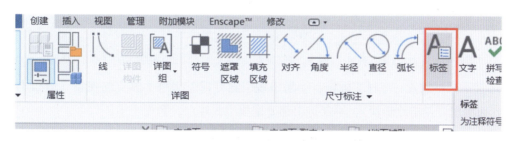

4. 分别单击空白处添加"注释""型号""名称"三个标签，配合使用"线"命令创建外框，修改标签字体的颜色，以及外框线的颜色，将出图标准中的材质标记还原出来，载入到项目（外框线的颜色在对象样式里修改，但这里修改了也没有用，因为项目环境下已经有了材质标记）。

5. 载入后，大概率是上述的样子，选中标签后单击两个问号，即可修改参数。这里的参数修改后，会同步到被标记主体的材质里，进入该主体的材质浏览器界面，标识栏里对应的参数值即修改过的参数内容（汉化原因导致标签里的"型号"对应材质浏览器里的"模型"；"名称"不可直接在材质标记上修改，因为材质浏览器中的材质不能重名）。

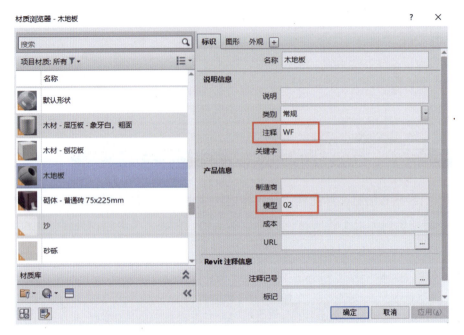

6. 接下来再放置一个材质标记，如果出现引线好像怎么也不够直的现象（旧版本有此现象，未出现可忽略此步骤），不仅每次都要拖拽引线端点，数量还多。

出现这个情况的原因，其实就是标记族默认是有中心点的，只不过看不到，需要把标签的位置进行微调，让它在线条框垂直方向的中心（标签的框线部分要尽可能上下均分，无论它是两层标签还是多层标签）。

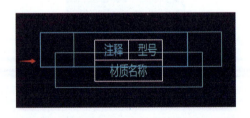

7. 制作完毕后保存该标记族，并载入项目，等待后续调用，依照此方法可继续制作带有标高的材质标记族。

进行到这一步，就会发现材质标记并不针对被标记主体的类型属性有任何参数上的联动，而是针对被标记主体所选择的材质进行联动。

除了选择已有标签参数，还可以新建自定义标签参数。

新建自定义标签参数有三个注意事项：

（1）自定义标签参数只能是共享参数，需要维护好共享参数文本，放在指定路径，有条件的还可以管控修改权限。如果一开始提示未指定文件，则新建一个空白的 txt 文档供 Revit 浏览。

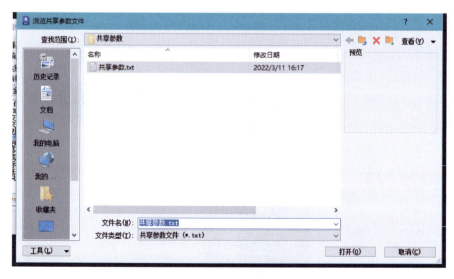

（2）新建自定义标签参数的管理入口在材质浏览器的下侧，系统自带的则在右侧标识栏下。

（3）使用了共享参数的标签族在载入项目环境后，还需要在项目管理面板下的"项目参数"中添加新建的自定义标签参数，不然无法在项目环境下修改参数值。

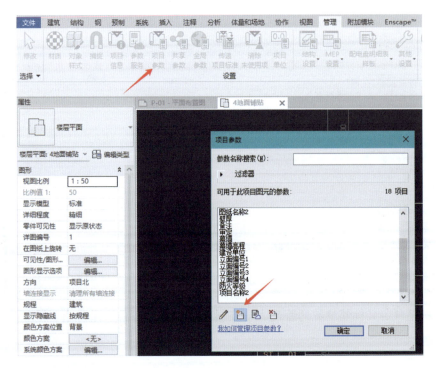

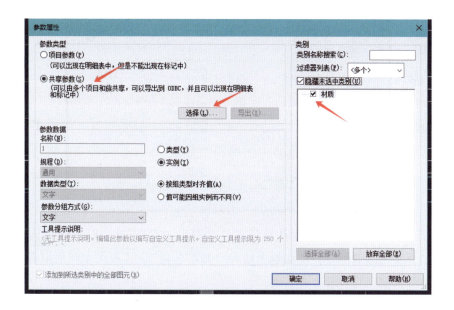

4.5　制作族类别标记

出图思路 ▶▶

在"注释"面板下，"材质标记"命令的左侧就是"按类别标记"命令，顾名思义，族类别标记就是根据族的类别进行标记，而不是材质。前面讲解材质标记的时候提到：材质标记并不针对被标记主体的类型属性有任何参数上的联动，而是针对被标记主体所选择的材质进行联动。所以族类别标记就是针对主体的类型属性的标记，最常用的就是标记出主体的类型名称。

实际操作 ▶▶

1. 在"开关控制图"激活"按类别标记"命令，选中任一开关，进行标记，提示没有任何标记，单击"是"进行载入。

2. 在 Revit 自带族库"注释—标记—电气"的路径下，找到"照明开关标记"族，并单击打开。

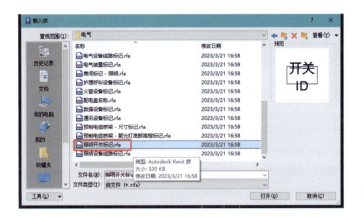

3. 选中开关进行标记，此时默认标记的是"开关 ID"属性，双击标记族进入标记界面，选中标签，单击编辑标签，将标签更换为"类型名称"，并根据实际出图标准修改或删除矩形外框，载入到项目查看现有效果。

4. 根据现有效果回到族编辑界面继续调整字体颜色等设置，直至满足出图标准的要求，保存该族并载入到项目中。

4.6 平面布置图出图

平面布置图需要表达出来的要素有空间名称、标高。

之前我是采用符号注释族打包两个标签来解决这两个要素的，主要原因是当时团队的出图标准就是空间名称和标高放在一起。好处是用一个符号族就能解决，且无须显示楼板，因为注释族根本不需要捕捉到实体。在平面布置图不显示楼板其实好处很多，比如不容易误点选中楼板，出图不需要把填充图案提前隐藏等。采用符号族唯一的坏处就是标高无法体现实际的标高，只是做了一个样子进去，标高值还是得手动输入。

那么有没有其他方式呢？由于 Revit 自带的标高族无法添加标签，所以空间名只能另外起一个标签，而另起标签还不如直接用文字输入，所以也就有了第二种解决方案：使用自带标高加文字输入来表达空间名称和标高这两个要素。

上图左侧是符号族，完全还原了出图标准，右侧是自带的标高族加文字标记，看起来是差不太多的，少了一个"±"符号，其实也可以加上，但是没办法在标高为负值时自动隐藏，所以就不加了。

这种"取舍"的情况在实际探索中会相当多，我当初就是想高要求还原出 CAD 出图标准，不过现在回过头看，我还是想给各位读者一个建议：不要对还原 CAD 过于执着，像这种情况，完全可以修改出图标准。时代和工具在进步，标准也得跟上。

实际操作 ▶▶

这里采用第二种方案，使用 Revit 自带的标高族和文字来做平面布置图的空间名称和标高。

1. 激活注释中的"高程点"命令，选择最符合自己出图标准的标记类型，在项目中适当位置标记标高，如果无法标记，检查楼板是否可见，因为标记是需要主体的，它标记的是主体真实标高。

2. 选中已经标记的标高标记，继续调整标高标记的具体属性，例如颜色、字宽、偏移量等，尽可能做到美观，还原度高。

3. 如果可选样式还是不够，那么可以修改默认的标高符号，在项目浏览器的"注释符号"栏分类下，找到"高程点"，右键选择编辑，即可跳转到族的编辑界面，然后使用线条加填充图案的组合形式，绘制出自己想要的效果。

之所以标记族的修改藏得比普通族要深，个人觉得是软件开发者并不希望去修改它原本的标记，一是现有的已经完全能够满足出图表达的需求；二是在某些 Revit 版本中，如果修改了标记，载入到项目中有可能导致软件崩溃。所以在尝试修改前，务必提前保存项目文件。

4. 使用文字注释，将相应的空间名称写出来，有需要的可以继续调整文字的字体及颜色等。

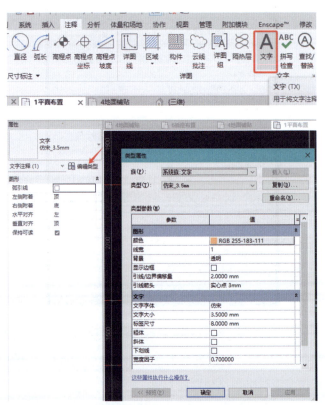

5. 激活注释面板下的"对齐"命令，进行轴网尺寸标注。

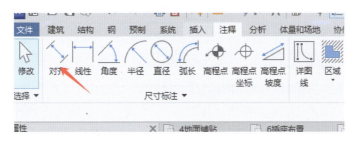

6. 选中所有轴网尺寸标注，选择复制到剪贴板。

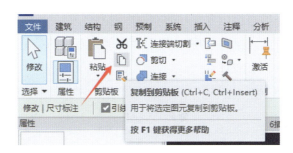

7. 选择"与选定的视图对齐"。

8. 在弹出的对话框中选择所有需要轴网尺寸标注的视图，单击确定，即可将所有视图的轴网尺寸标注绘制完毕。

4.7 立面索引图出图

出图思路▶▶

本张图要表达的要素只有一个：立面索引标记。

在正式开始之前，先介绍一下立面标记族的原理，它是由 1 个标记主体加上 4 个标记指针族组合而成的，是 Revit 系统自带的"嵌套族"。当我们对这种类型的族进行编辑操作时，首先就要想到先保存项目再动手。

实际操作▶▶

为了更方便理解，下面直接用放置好的立面标记来修改。

1. 激活视图面板下的"立面"功能，使用"内部立面"的类型复制出"客餐厅"的立面标记类型，并重命名为"客餐厅"。

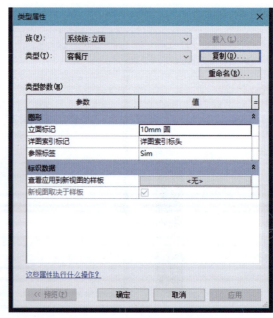

2. 单击属性栏中"查看应用到新视图的样板"后的按钮，选择"立面"视图样板，并单击确定（这么做会让后续所有放置的标记自动带上所选择的视图样板，方便后续立面图出图）。

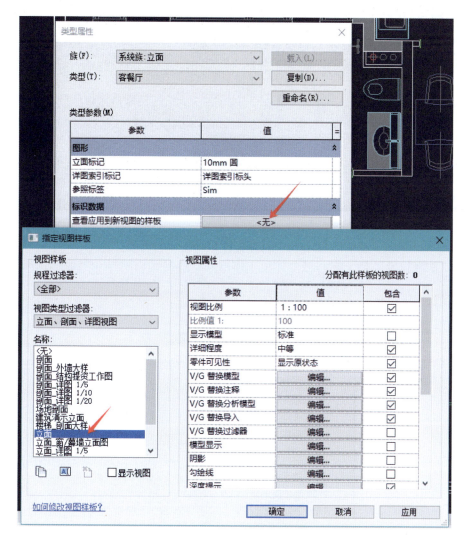

3. 再单击确定后，在客餐厅的中间位置单击放置立面标记，这时会出现一个标记主体加一个标记指针。选中标记主体后，会出现另外三个标记指针的勾选框，勾选上就能出现剩余的三个标记指针，这样就组合形成了一个区域的完整立面标记（立面标记存在就代表了立面视图也已经生成，选中任一指针即可查看和调整立面视图在水平方向的范围，双击指针即可进入对应的立面视图，调整水平、垂直方向的视图范围）。

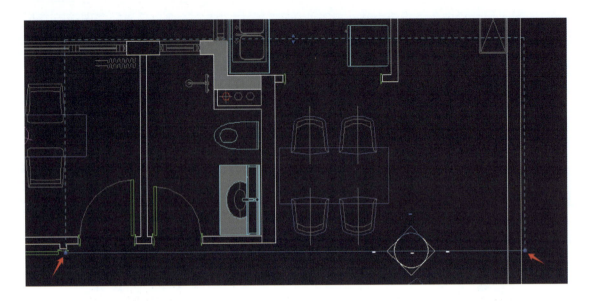

4. 选中标记主体，打开编辑类型，就能看到它的立面标记是"10mm 圆"，接下来在项目浏览器"注释符号"栏下找到这个标记主体的族，右键编辑就打开立面标记族编辑的界面了。

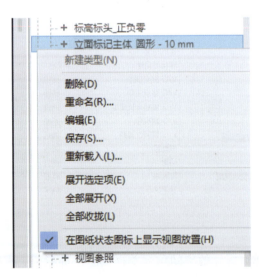

5. 标记主体里包含了四个指针，主体本身没有什么信息，双击任一指针族，便进入了指针族的编辑界面。接下来可以将该指针族里包含的内容全部删掉，重新用"线 + 填充区域"还原出图标准里的指针，最后载入到主体里检查效果（我常用的图纸大小是 A2，视图

比例是 1:25，如果读者的和我一样，且指针形式也类似，那么指针族里的圆的半径请设置为
3mm，避免重新调整）。

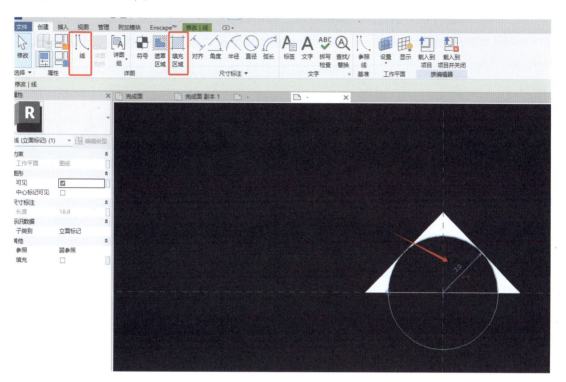

6. 载入主体后四个指针可能会堆叠在一起，分别单独选中，使用键盘上"上下左右"
的命令将它们分开，弹出错误时单击删除约束，直至拼成一个完整的图形。

7. 调整好 4 个指针族的位置，就是上图的效果，首先可以把标记主体里的图纸编号标签删掉，接下来再次回到指针族里添加标记视图编号和图纸编号的标签，激活命令后，单击空白处即可添加标签，分别选择"详图编号"（即视图编号）和"图纸编号"的标签添加，虽然一个标签可以放两个参数，但是需要分两次做成单独的标签，方便单独控制标签的文字方向。

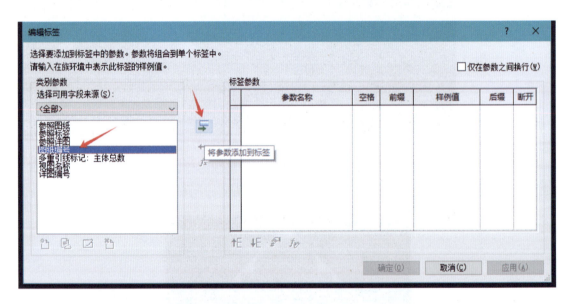

8. 添加完"详图编号"（即视图编号）和"图纸编号"的标签后，选中两个标签，将"固定旋转"勾选，这样可以保证文字始终朝上。再载入到标记主体里，把主体里的那个多余的圆圈选中后取消勾选"可见"，虽然可以直接删掉这个圆圈，但是留着它可以避免我们在项目里拖拽立面标记时误碰旋转标记，所以这里只是隐藏一下（如有图纸编号固定在标签下方的需求，这时候一个类型的指针族就无法满足了，但可以用已经改好的指针族，再次修改并另存为其他的指针族，载入到标记主体里即可，也就是一个标记主体包含了多个不同

类型的指针族）。

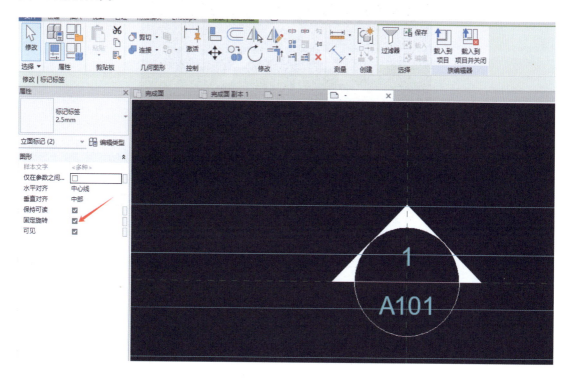

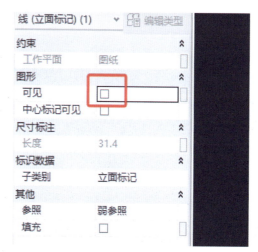

此时立面标记族基本上已经修改完成。

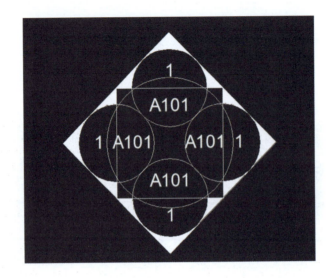

9. 将标记主体载入项目环境下，右键单击项目浏览器的图纸栏，新建两张图纸，并把标记主体对应的视图拖拽至新建的图纸中（鼠标左键单击视图且不松开），再回到"立面索引"的平面视图检查效果。实际大小会因图纸大小和视图比例不同而有所出入，具体尺寸可再进行调整。

10. 在已经进入或选中视图的状态下，可在属性栏中修改"详图编号"（即视图编号），同一张图纸中编号不能重复。

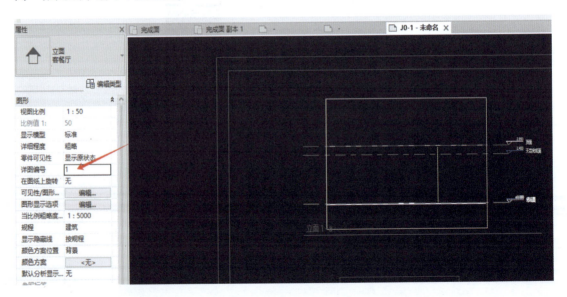

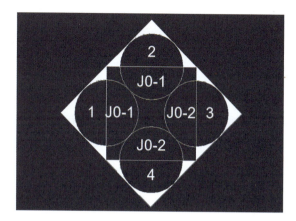

11. 一个立面标记主体可以只有 1 个、2 个、3 个指针，根据实际需求勾选即可。接下来就可以将立面索引图中的所有立面按上述步骤放置出来，并将标记主体重命名为各个空间的名字。

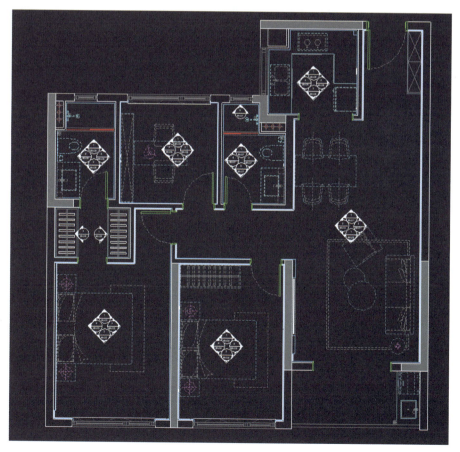

4.8 隔墙尺寸图出图

出图思路 ▶▶

本张图要表达的要素也只有一个，隔墙的尺寸标注。

当切换到隔墙尺寸图时，前面几张图做的索引标记，还有更早之前放置的家具等，都会出现在这张图里，所以要按类别隐藏不需要在图面表达的内容。这个问题在后续几张图里也会出现，不过不用担心麻烦，这个工作只用做一次，成果都可以在项目完成后的样板里保留下来。

装饰墙不能直接按类别隐藏，否则会连同承重墙、填充墙一起隐藏，这时候前面为了调整装饰墙颜色而设置的过滤器再次发挥作用。

实际操作 ▶▶

1. 进入隔墙尺寸图，右键单击任一立面索引标记的主体或指针，选择在视图中隐藏-类别，即可在当前视图隐藏该类别，其他的例如家具、厨具、卫浴等都是同样操作（这种操作手法等于在视图可见性设置里取消勾选相应类别）。

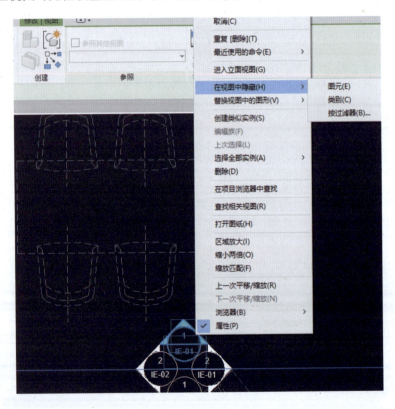

2. 打开视图可见性设置，切换到过滤器栏，取消勾选装饰墙的"可见性"，即可隐藏所有装饰墙。

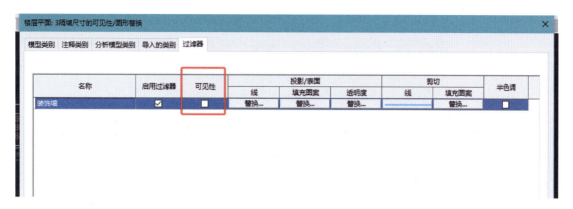

3. 激活尺寸标注，将所有隔墙的尺寸标记出来。和标注轴线间距一样，在编辑类型里可以调整尺寸标注的样式，比如引线长度、斜线长度、文字字体、文字偏移距离等。唯一需要注意的就是斜线长度的调整位置。

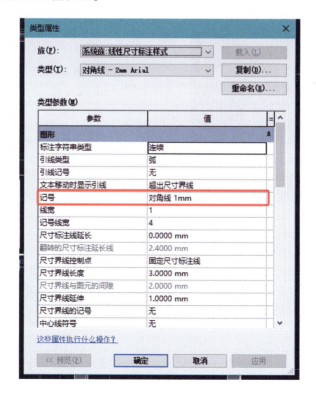

4. 斜线长度由"记号"控制，修改它需要在管理"箭头"的面板。打开管理面板下的其他设置，找到箭头，进去找到对角线的样式，修改"记号"尺寸就能调整它的长度了（Revit 旧版本的"箭头"面板在其他设置的第一级目录）。

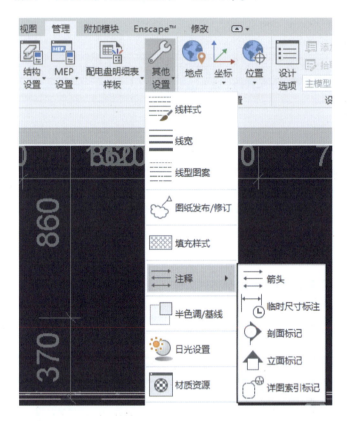

4.9 地面铺贴图出图

出图思路 ▶▶

本张图的要素有地面标高、地面铺贴的尺寸标注、地面装饰的材质标记。

标高可以直接使用平面布置图的标高标记，尺寸标注可以使用隔墙尺寸图或者轴线间距的标记，材质标记使用4.4节制作的材质标记族即可。

实际操作 ▶▶

1. 激活注释面板下的"高程点"命令，选择平面布置图使用的标高标记族，标记出各空间的标高。

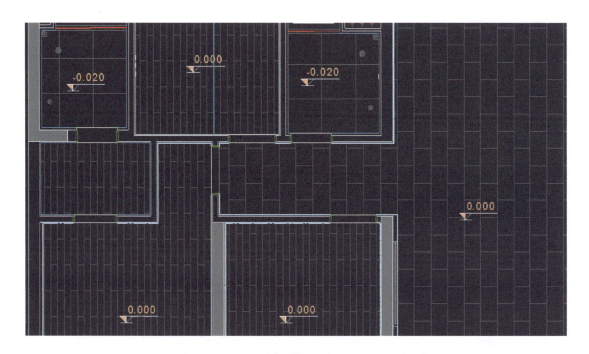

2. 激活注释面板下的"材质标记",选择 4.4 节制作的材质标记族,标记出各空间材质。

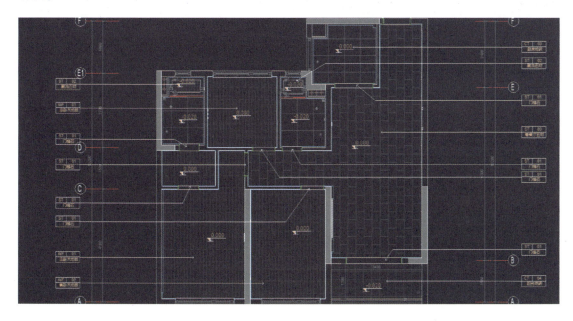

3. 激活注释面板下的"对齐"命令，进行排砖尺寸标注。

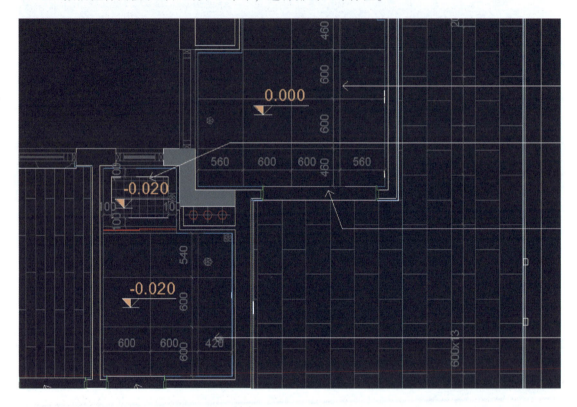

4.10 天花布置图出图

出图思路 ▶▶

本张图的要素有吊顶造型的尺寸标注、顶面材质标记、风机平面表达、出/回风口平面表达。

尺寸标注和材质标记使用已经制作好的类型即可，风机和出/回风口平面表达则需要新建，由于风机是藏在吊顶内的，出/回风口的二维表达也有固定样式，不能完全使用现实中的样式，所以这几个要素都需要新建基于模型线的二维族来解决。

实际操作 ▶▶

以回风口二维表达族为例。

1. 单击文件-新建-族。

2. 选择"公制专用设备"族样板，单击打开。

3. 在对象样式中新建需要用到的线条子类别，例如用颜色区分，包含两种，分别是"灰色"和"砖红"，并设置好线属性（颜色、线型、线宽）。

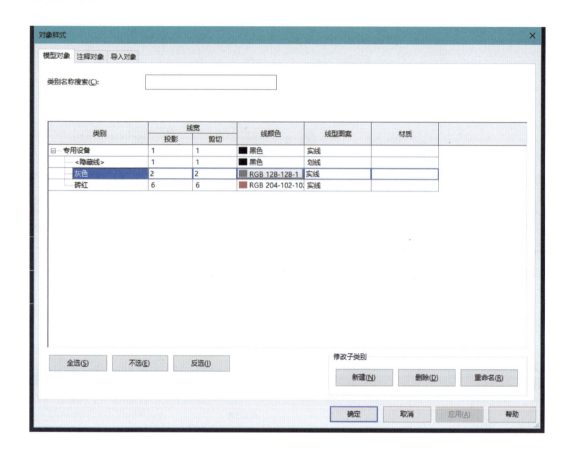

4. 激活创建面板下的"模型线"命令，选择刚刚新建好的子类别，绘制出回风口二维表达的图案（虽然"投影"和"截面"类型都可以选用，但因为是在平面视图，建议统一使用"投影"类型）。

5. 保存该族，并载入至项目中，放置在相应位置。

6. 对于一些形状不规则，不方便在 Revit 中绘制的二维表达，也可以把整理好的 CAD 图案直接导入族文件中，供 Revit 出图使用。

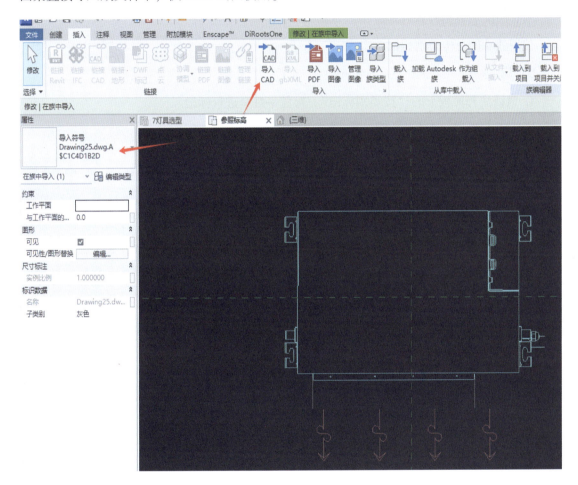

4.11 灯具布置图出图

出 图 思 路 ▶▶

本张图的要素为灯具定位的尺寸标注。

内容比较简单，按照出图标准的要求进行标注即可。

4.12　灯具选型图出图

本张图的要素为灯具型号标注。

使用的功能是按类别标记。

1. 激活注释面板下的"按类别标记"，对任一灯具进行标记。

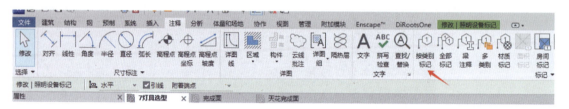

2. 此时系统自带的族会显示一个问号，表示该标记未识别到参数值。双击该标记进入该族的编辑界面。选中标签，进入编辑标签界面，可以看到默认的参数使用的是"类型标记"。

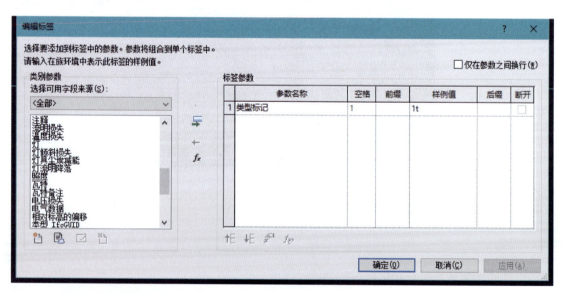

3. 回到项目环境，选中该灯具，进入编辑类型界面，在"类型标记"参数后写入参数值，例如"LT1"，单击确定。

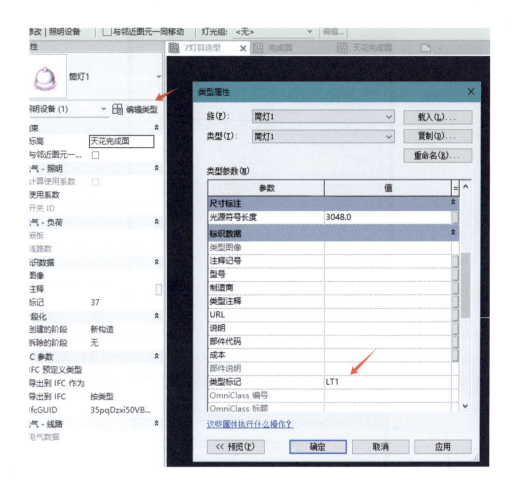

4. 此时该灯具的型号就被标记出来了。

5. 激活注释面板下的"全部标记"命令，勾选"照明设备标记"，可取消"引线"，单击确定后，所有的灯具型号都会被标记出来。

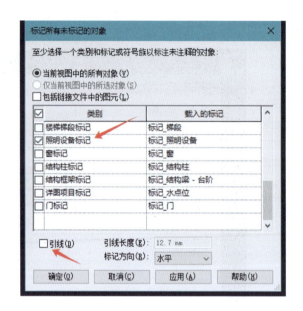

6. 因为刚刚只是修改了其中一个灯具的型号，所以只有该类灯有参数值，其余都是问号。显示为问号的灯具，每个类型只用修改一次"类型标记"参数值，参数值可以直接选中标记进行修改，修改时在弹出的对话框单击"是"即可。

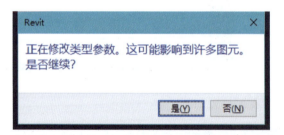

4.13　开关控制图出图

出图思路 ▶▶

本张图的要素有开关定位尺寸标注、开关类型标记、灯具连线。

开关定位使用尺寸标注就可以实现，本节主要讲一下开关类型标记和灯具连线。开关类型标记使用的是"按类别标记"命令，灯具连线使用的是"导线"命令。

实际操作 ▶▶

1. 激活注释面板下的"按类别标记"。

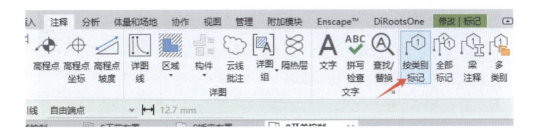

2. 单击任一开关，因为样板中不包含"灯具"的类别标记，所以会弹窗提示，在弹出的对话框中单击"是"。

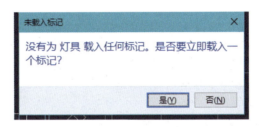

3. 在"注释-标记-电气"路径下，找到"照明开关标记"族，单击打开。

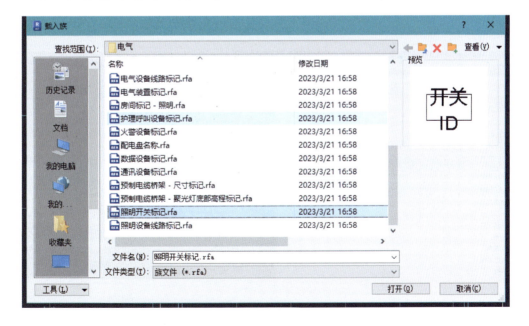

4. 选中开关，单击进行标记，此时没有数据显示。

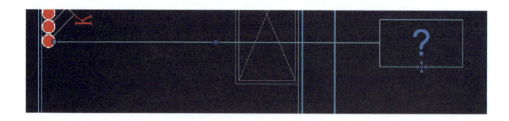

5. 双击标记族进入编辑界面。选中标签，可以看到标签默认的类别参数是"开关 ID"，为了操作方便可以把该标签的类别参数改成"类型名称"，这样就可以直接识别族的类型名称作为标记值。外框也可以删除，然后载入项目中。

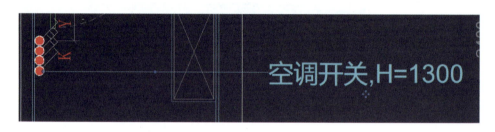

6. 此时族的类型名称和标记已经实现了联动，当然也可以分开，换一个标签的类别参数就可以。

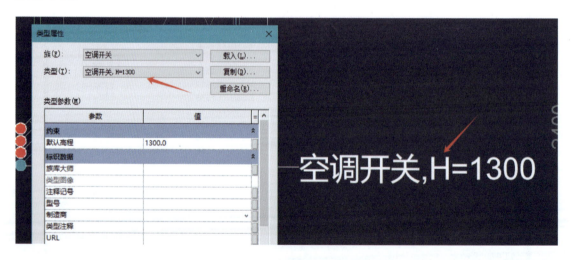

7. 接下来开始绘制灯具连线。激活系统面板下的"弧形导线"命令，按照导线头部、中部、尾部的顺序将串联的两个灯具，或者开关和灯具两两之间进行连接，一段导线总共需要点击三下。

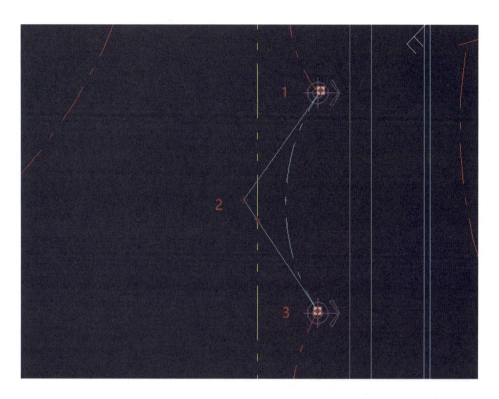

8. 按照此方式可以将所有的连线绘制完毕。

4.14 插座布置图出图

出图思路 ▶▶

本张图的要素有插座定位尺寸标注、插座类型标记。插座类型标记使用的依旧是"按类别标记"。

少数插座的位置可能会超出常用的视图范围（地面完成面和天花完成面标高之外），比如抽油烟机插座，可能在吊顶之上，2.5m 高。但是我们是不能直接修改视图范围至吊顶之上的，这会导致大量天花板上的构件出现在视图中，不方便维护。所以要采用另外一种方式，添加局部的"平面区域"。

实际操作 ▶▶

1. 激活平面视图面板下的"平面区域"命令，绘制一个大概能"框住"抽油烟机插座的范围。

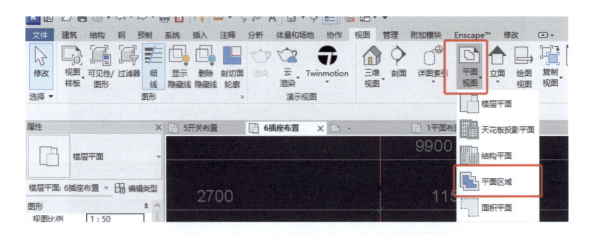

2. 选中刚刚绘制的"平面区域",修改视图范围,将"剖切面"和"顶部"的偏移值改至 2.5m 以上,例如 2600mm,再单击完成,即可生成一块局部区域,其视图范围与当前视图能够保持互异。

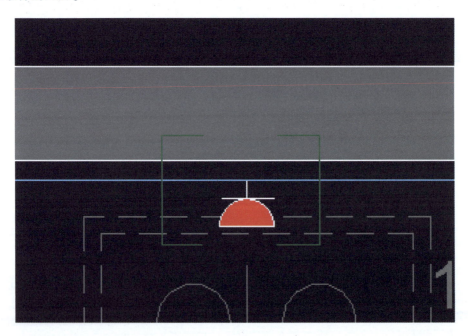

3. 激活注释面板下的"按类别标记"命令,单击任一插座,选择立即载入标记族,找到标记中的"标记_电气设备"族并打开(没错,是电气设备,应该是官方搞错了名称,选其他的都无法载入)。

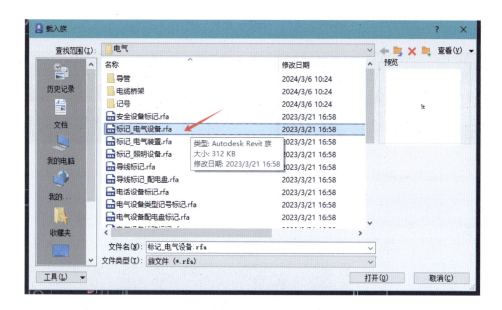

4. 选中任一插座，单击并放置在合适位置。

5. 双击标记族，进入族编辑界面，可以看到该标记的标签类别参数也是"类型标记"。

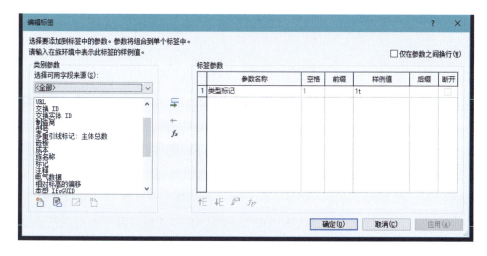

6. 将该类别参数修改为"类型名称",并载入项目(可以不修改,需要多维护一个参数)。

7. 通过修改插座的类型名称,就可以联动修改标记值。也可以选中单个标记,取消勾选"引线",避免图面过于混乱,接下来将所有的插座都标记出来。

4.15　水点位图出图

出图思路 ▶▶

本张图的要素有水点位定位尺寸标注、水点位类型标记。

水点位符号在 Revit 自带族库中没有现成可以利用的,所以需要新建一个。制作这种虚拟的二维表达符号的时候,一般都有两种族类别选择,一种是"详图项目",另一种是"常规注释"。它们有两个明显的区别,第一个区别是"详图项目"不会随视图比例的改变而改变自身大小,"常规注释"则会;如果还不理解,现在切换一下视图的比例,看轴网标头的大小变化就明白了,轴网标头就类似"常规注释",会跟随视图比例变化而改变大小;前面修改的开关插座二维表达,也是"常规注释"的一种。第二个区别是"常规注释"无法被标记,"详图项目"则可以;个人猜想这个现象的原因是"常规注释"本身就已经是一种注释了,再针对注释去进行标记,多此一举了。

因为水点位是需要被标记出来的，所以只能选择采用"详图项目"这条路径。

实际操作 ▷▷

1. 在文件面板下选择"新建-族"。

2. 在弹出的窗口内选择"公制详图项目"的族样板进行新建。和之前一样，用线、填充区域、标签、文字的组合方式还原出图标准中的水点位样式，线的颜色、线型、线宽在对象样式中调整，遵从"项目对族的继承规律"，文字的字体、颜色等属性在族的编辑类型里调整，不遵从上述规律。

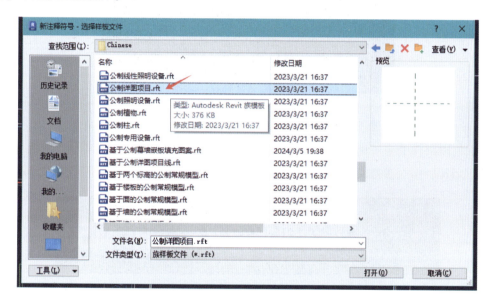

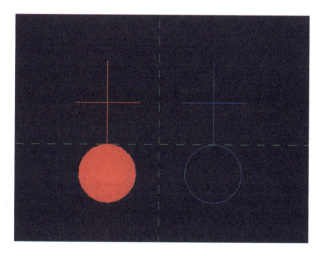

3. 新建好水点位图例后，载入项目并放置在相应位置，还要制作一个针对水点位的标记族。

4. 激活注释面板下的"按类别标记"，选择任一水点位进行标记，因为建筑样板自带一个默认的详图项目标记，所以不用去族库查找对应标记族。

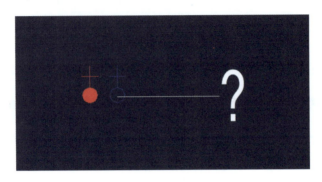

5. 单击问号，直接修改值为标记内容，例如"冷热水给水管，H=1150"，该属性就被写入水点位图例族里了（也可以参照前文的操作，进入标记族中修改标签的类别参数，仅用"类型名称"一个参数管控标记出来的内容）。

6. 如果还有其他高度的冷热水给水管点位，则需要复制水点位图例的类型并重命名后再放置，并且修改标记的参数值，如果不复制新的类型，则标记的参数值无法分开设置。

7. 接下来对地漏进行标记，地漏标记在 Revit 自带族库中没有，需要新建。单击"文件—新建—注释符号"（在 3.6 节中，可以看到地漏的族类别为"管道附件"）。

8. 找到"公制常规标记"族样板，单击打开。

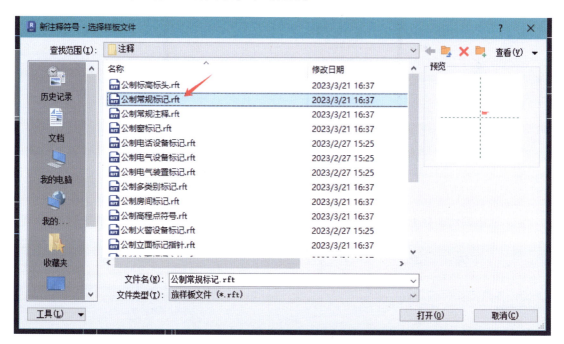

9. 单击修改面板下的"族类别和族参数"按钮。

10. 将族类别修改为"管道附件标记"（其他的标记均可以按照此方法进行新建并修改族类别）。

11. 单击创建面板下的"标签"按钮，并在参照线交叉点附近单击放置标签。

12. 类别参数设置为"类型名称"。

13. 删除族样板自带的文字提示，保存该标记族并载入项目。

14. 激活"按类别标记"命令，单击任一地漏族，即可进行标记。修改族类型名称，将会同步修改标记出的内容。

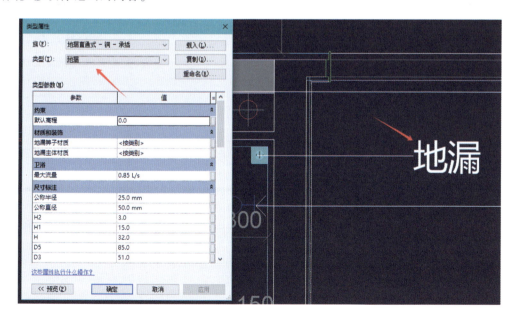

　制作图框

制作思路 ▶▶

先打开 Revit 自带的图框，观察一下图框族包含的要素，路径在族库"标题栏"文件夹下。

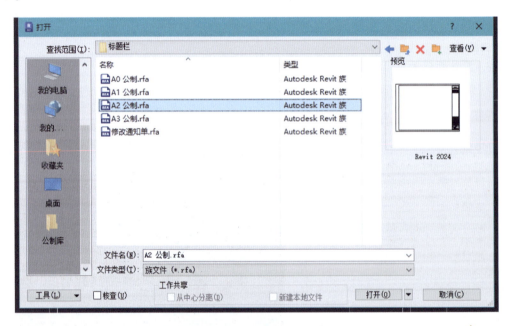

框选所有内容后打开过滤器可以看到，它主要包含两种子类别的线、文字、标签（图中的图框）。

在还原出图标准的图框时，主要也是利用上述三种要素，几何图形部分使用"线""填充区域"等，固定不变的文字内容，使用"文字"，需要跟随项目信息变动的文字内容，使用"标签"。

实际操作▶▶

1. 单击文件，选择新建"标题栏"，弹出图框族样板选择界面，选择对应尺寸的族样板，单击打开。

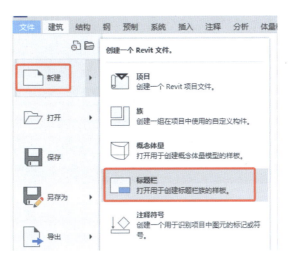

2. 族样板中已有三种子类别，可直接利用，不够则在对象样式中新建子类别。由于项目中已存在这三种子类别，所以不必在族环境下修改子类别的线属性（新建的除外），待图框族制作完毕之后载入项目中修改。

3. 利用"线""填充区域"完成图框几何部分的内容，注意区分子类别。

4. 使用"文字"和"标签"完成文字部分，例如项目名称使用"标签"，设计人、审核人之类的标题使用"文字"。

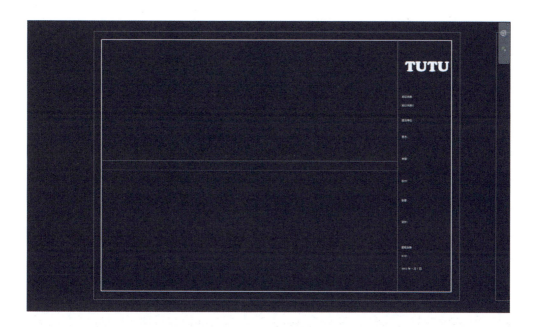

5. 利用"线"和"标签"制作图名图号的标记，标签参数按需选择，一般是"图纸名称""图纸编号"和"比例"，这三者在载入项目后，都可以自动识别图纸中的信息。

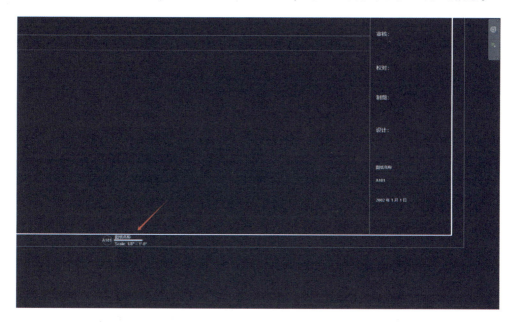

6. 将平面图和立面图的各种要素都建立完毕，再分别配置不同的可见性设置，这样仅

需一个图框族便可管理项目所有类型的图框。

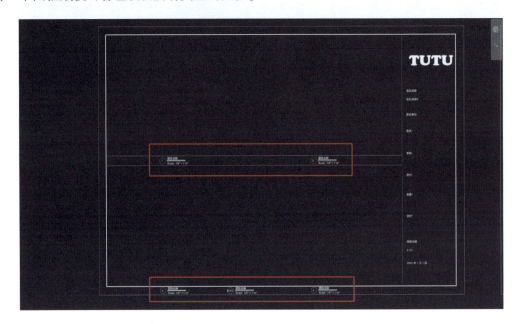

7. 新建两个分别控制"平面图"和"立面图"的可见性参数，数据类型为"是/否"参数。

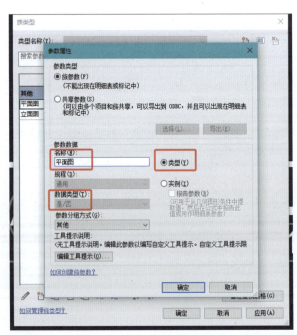

8. 新建两个族类型，分别为"平面图"和"立面图"，"平面图"类型默认勾选"平面图"参数，取消勾选"立面图"参数；"立面图"类型反之。

9. 选中所有平面图的元素后，单击属性栏"可见"后的关联参数按钮，将元素关联至"平面图"参数上，单击确定；然后选中所有立面图的元素（包括图框中间的两条分隔线），并关联至"立面图"参数上。这样就可以通过切换族类型，达到兼容两种图框的效果。

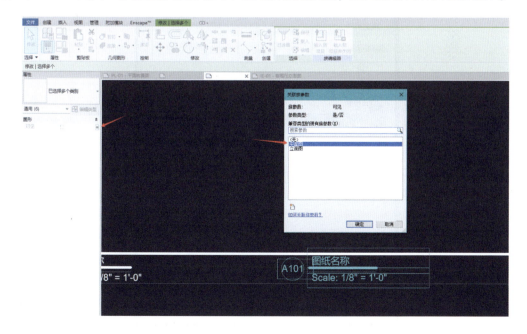

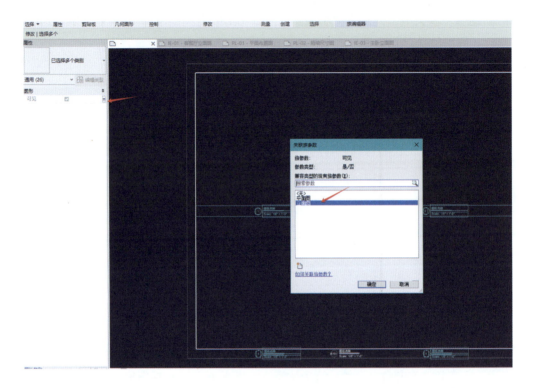

10. 保存该族，并载入项目中，在项目中新建图纸，选择"平面图"类型，单击确定。

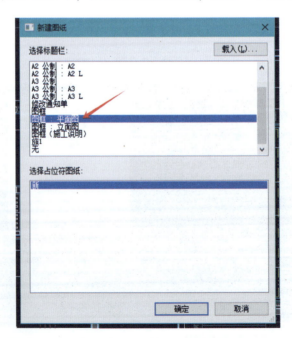

11. 将"1 平面布置"的视图选中后拖拽至图框中，再选中图名图号的标签，或者在属性栏中，直接修改标签参数值，此时一个基本的图框族就制作完毕了。

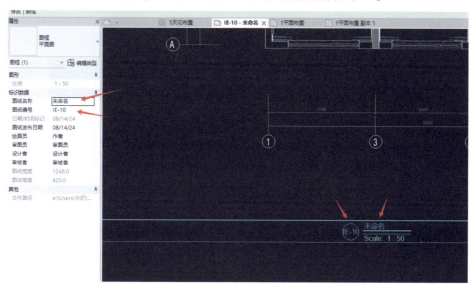

立面图并不是都是一张图放四个立面视图，比如只能够放下两张或三张客餐厅立面，所以示例中的"立面图"族类型并不能够满足所有情况。要解决这个问题，思路和区分平立面是一样的，只不过是把立面图分成了更多的类型而已。下面就以一张图放两个立面视图的情况举例。

12. 在现有基础上，再新建两个图名图号的标签，下方的标签暂时靠上放置。

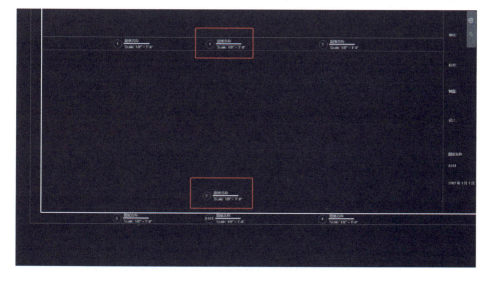

13. 将"平面图"的标签成组。

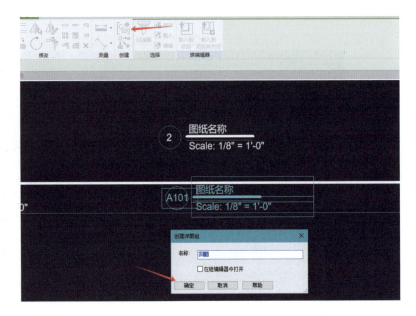

14. 新建实例参数，分别命名为"2""4"，都是"是/否"参数，勾选"实例"。

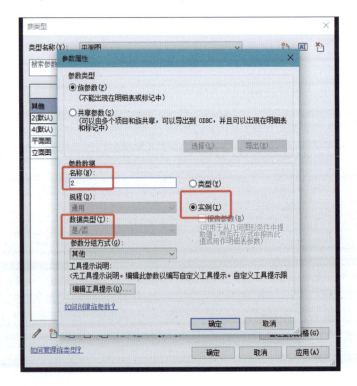

15. 将 4 个立面视图类型的元素都关联至参数 "4" 上。

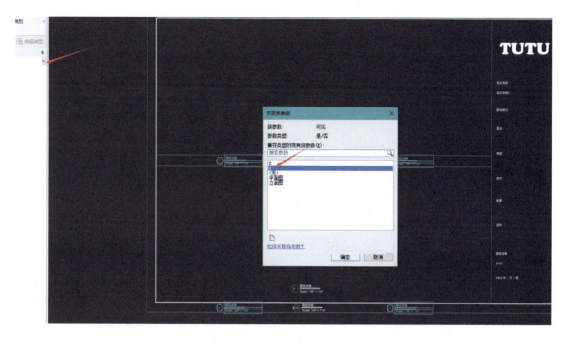

16. 将两个立面视图类型的元素都关联至参数 "2" 上，并将下方的标签移至正确位置（此时会和平面图的元素重叠，没有关系）。

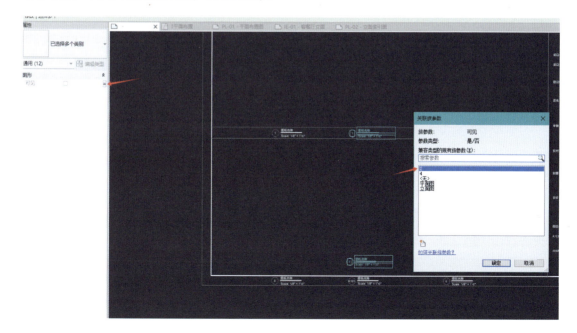

17. 保存族，并载入项目中，选中图框后，通过属性栏中的勾选状态，即可控制不同类型的立面图。

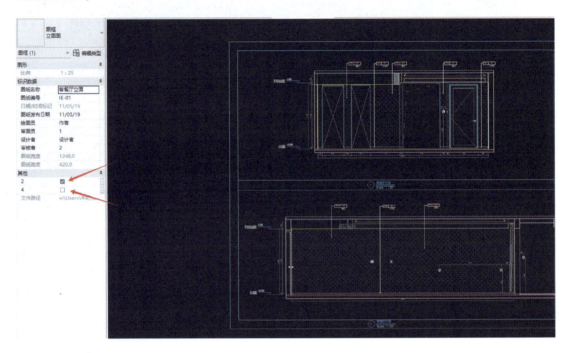

5.2 制作封面

制作思路 ▶▶

封面制作时，既可以单独新建一个族，也可以和图框族做在同一个族里，和区分平立面类似，相当于多了一个封面图的族类型。

但要在图框族里兼顾一个完全不一样外观的封面，对可见性的理解会是一个挑战，比如之前的可见性都会打乱。

实际操作 ▶▶

1. 打开 5.1 节制作的图框族，新建"封面"的族类型，并新建两个"是/否"参数，分别命名为"图框"和"封面"。

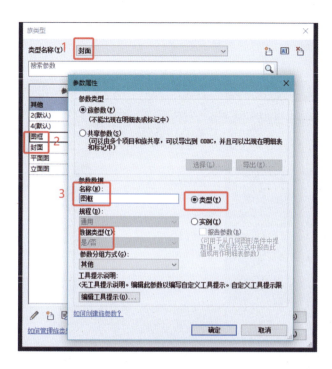

2. 将封面绘制在图框一侧，并放置好封面的"标签""文字"等，全选封面元素（不要选中之前图框的任何元素），关联至参数"封面"上。

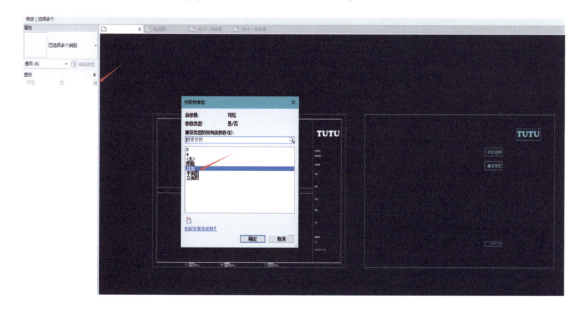

3. 选中图框元素中所有未被可见性参数控制的元素，关联至参数"图框"上（相当于提供了一个开关，可以控制图框的显示或隐藏）。

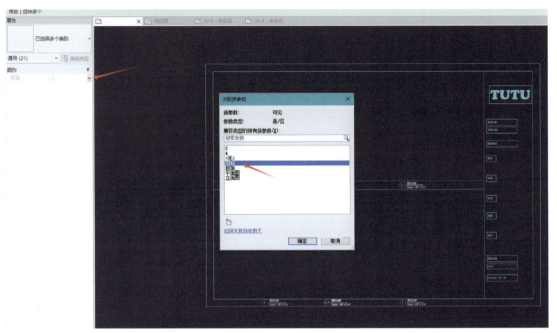

4. 调整三个族类型里的可见性状态，例如"平面图"勾选的参数有：图框、平面图；"立面图"勾选的参数有：图框、立面图、2 或 4（任选一个）；"封面"勾选的参数为：封面。

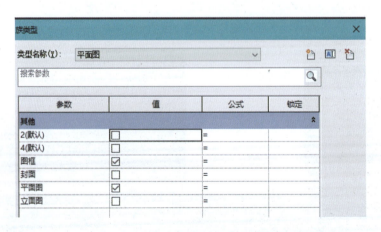

5. 保存族后载入项目中，覆盖现有版本，新建图纸，选择"图框：封面"类型，此时即生成了封面。

5.3 制作施工说明

制作思路 ▶▶

施工说明大部分用 Revit 原生的"文字"命令即可还原，最规范的操作方式也是用"文字"等命令还原出图标准中的施工说明。

此制作过程会比较枯燥繁杂，不过也有更便捷的方法，利用已有的 DWG 格式的施工说明，删除图框、项目有关信息后，将整个文件载入图框中，并用标签代替"项目信息"。

制作时利用 5.1 节制作的图框外框，其余元素删除。

实际操作 ▶▶

1. 打开图框族，将封面、分隔线、图名、图号等标签全部删除，所有族类型、可见性参数也全部删除，并另存为"图框（施工说明）"的族（先另存，避免后续误操作导致图框族被覆盖）。

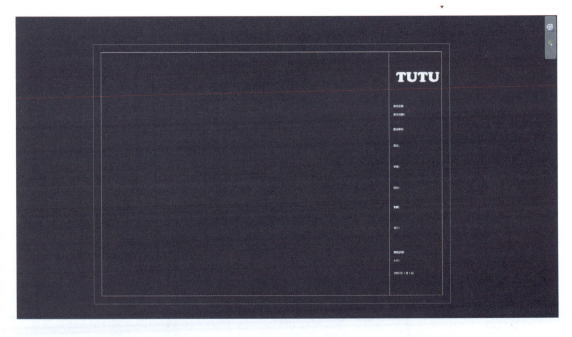

2. 处理好 DWG 格式的施工说明，保留通用格式部分的文字；删除图框、项目有关信息，例如建筑面积、装饰面积、层数等数值，并留出空白，便于用"标签"和"文字"替代。

3. 单击"插入"面板下的"导入 CAD"命令，将 DWG 文件载入"图框（施工说明）"族中，并调整说明至正确位置。

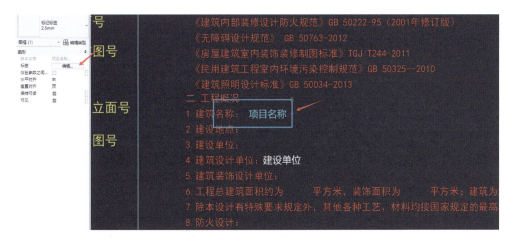

4. 将"项目名称"等空白处内容用标签填充，标签不存在时则新建标签，将空白处补充完整。

5. 将"图框（施工说明）"族保存后载入项目，新建图纸，选择刚刚保存的族，单击确定，即生成了包含施工说明的图纸，并且相关项目信息会被标签自动识别，少部分可手动修改标签值。

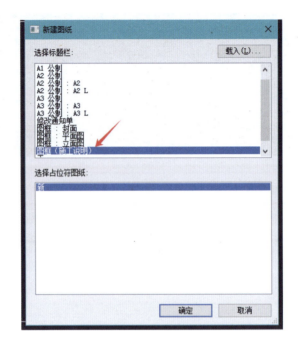

5.4 制作目录

制作思路 ▶▶

目录可以直接利用图纸明细表制作。

实际操作 ▶▶

1. 在项目中新建图纸，选择平面图图框，重命名为目录相关名称。

2. 单击"视图"面板下"明细表-图纸列表"功能，选择添加"图纸名称"和"图纸编号"两个字段，单击确定，即可生成目录的内容。

3. 在属性栏"外观"设置中，调整明细表的图形及文字样式，记住修改后的"网格线"的线样式（默认为"<细线>"）。

4. 回到"目录"的图纸视图，将生成的"目录"明细表拖拽至图纸视图中并放置，选中明细表，将属性栏中"调整行大小"参数修改为"全部"或者"图像行"，再修改行高，即可调整目录的行间距。

5. 打开"管理"面板下的"其他设置-线样式"设置，展开线集合，找到第 3 步"网格线"的线样式（默认为"＜细线＞"），按照出图标准，修改它的线属性，之后单击确定即可应用。

至此目录基本完成，不过图框中还有两个小细节需要注意，一是目录的标题，可以直接用文字另起一行描述，比如"×××项目图纸目录"，也可以在图框族中建一个标签，专门用来书写目录的标题；二是图框本身用的是平面图图框，所以最下方会有平面图的图名图号标签。如果再到图框里去修改族类型及可见性，显得就比较混乱了，加上第一个细节，所以直接另存为一个目录图框，更加规范整洁。

6. 双击目录图框族，进入族编辑界面，和"施工说明"图框一样，将所有的图名图号标签、封面图形、族类型、族参数都删除。

7. 单击创建标签，选择"项目名称"字段，并在后缀中加上固定字段。

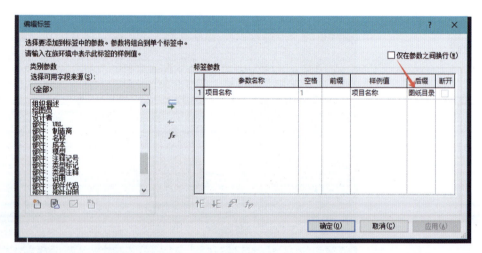

8. 将族另存为"图框（目录）"族，并载入项目，选中目录图框，切换为刚刚载入的"图框（目录）"族，目录名字已自动获取"项目名称"填充，返回族中修改标签文字大小、颜色，调整标签位置，保存并载入项目覆盖。

5.5　制作材料表

制作思路 ▶▶

材料表和目录的制作过程相似，都是利用明细表相关功能来实现。

实际操作 ▶▶

1. 以地面装饰为例，激活视图面板下的"明细表-材质提取"功能。

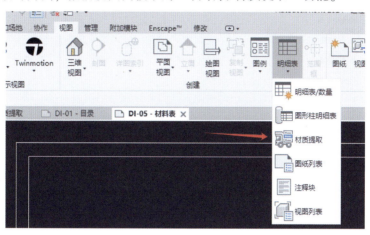

2. 选择楼板类别，单击确定。

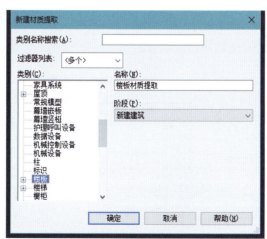

3. 字段选择"材质：名称""材质：注释""材质：型号""材质：面积"（这里选择的字段都是第4章出图时"材质标记族"选用过的字段，如果使用的是共享参数或其他参数，则在这里也要选择相对应的参数）。

4. 排序时选择"材质：注释"和"材质：型号"进行排序，方便归类。

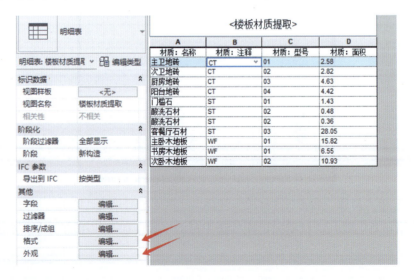

5. 在格式与外观栏中可继续进行明细表的细节调整。

6. 切换到材料表的图纸视图，将明细表拖拽至图纸中即可完成放置。

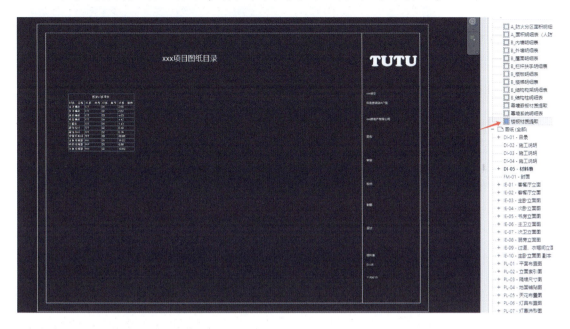

5.6 套平面图框

所有的图框类型都已经创建完毕，下面利用新建好的图框族，创建出所有的平面图纸，并将对应视图放进图纸中。

1. 单击"视图"面板下的"图纸"命令，在弹出的对话框中选择平面类型图框，并单击确定。

2. 单击图框的标签或属性栏中的参数值，修改图纸的图名和编号，例如命名为 PL-01-平面布置图。

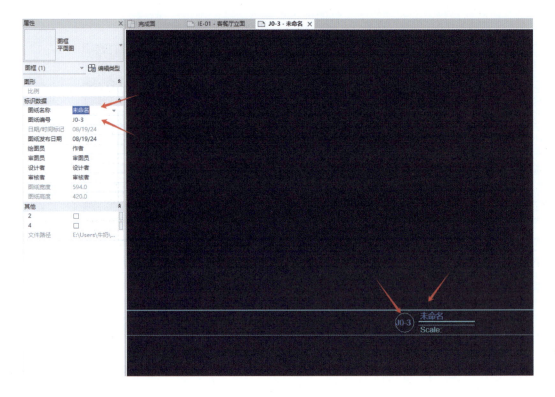

3. 选中"项目浏览器-图纸-PL-01-平面布置图",按下 Ctrl + C、Ctrl + V 组合,复制出下一张平面图,并重命名,重复此步骤,将所有的平面图纸复制出来。

4. 进入"图纸-PL-01-平面布置图"图纸窗口,将"项目浏览器-视图-楼层平面(天花视图在天花板平面)-1 平面布置"视图拖拽至图纸区域中心,此时一张完整的平面布置图就整理完毕,重复此步骤将所有平面视图放置到图纸中。

第6章 立面图出图

6.1 制作图例

制作思路 ▶▶

Revit 提供了专门的功能制作图例，原理是将族的平面视图投射制作成图例，所以利用的素材还是之前制作的三维或二维族。

实际操作 ▶▶

1. 单击视图面板下的图例功能，开始新建图例。

2. 名称使用灯具名字即可，例如可调角射灯，比例为需要放置图例的视图比例，然后单击确定。

3. 进入图例编辑界面后，激活注释面板下的"构件-图例构件"功能。

4. 然后在左上角选择需要投射图例的族，再单击视图窗口中的空白处即可。

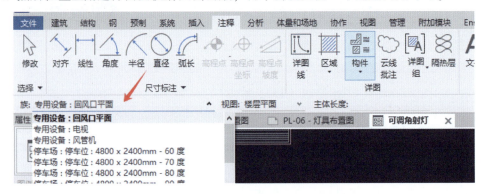

5. 在图例视图打开可见性设置，调整图例的颜色、线宽等。

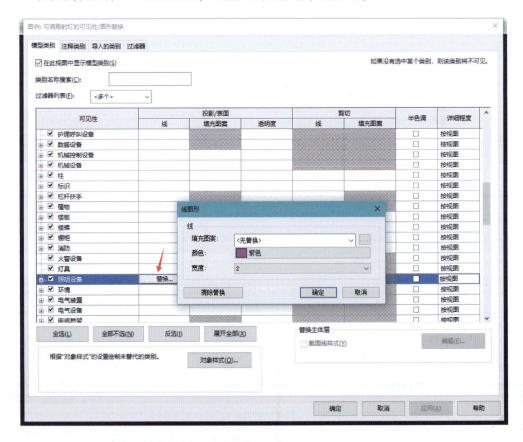

6. 切换到灯具布置图的图纸，激活详图线命令，给图例绘制框线，然后将刚刚新建好的图例拖拽至图纸中，即可放置。

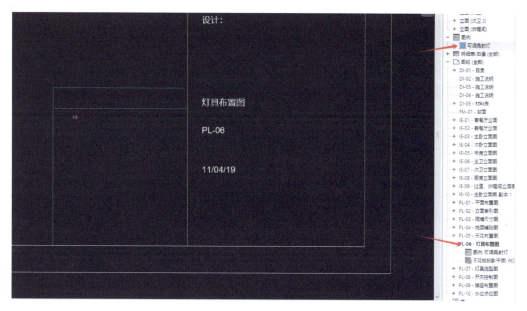

如果族的平面表达不满足需求，也可以在图例编辑界面，直接使用填充区域、详图线等命令进行定制。

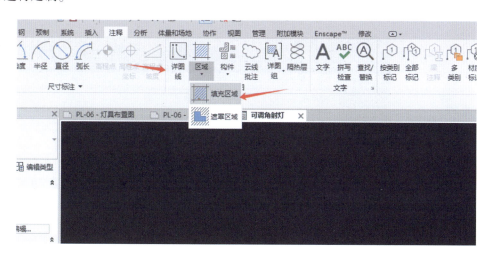

6.2 创建立面图

出图思路 ▶▶

在第5章已经做好了包含立面类型的图框族，通过新建图纸，将所有的立面图创建出来即可。

6.3 修改立面视图样板

出图思路▶▶

立面图元素的线属性，在每一张图的表现都是一致的，所以可以利用视图样板相关功能，大幅提高出图效率。

在立面索引图出图工作结束后，所有的立面视图都已经创建出来，且在索引符号指针里选择了"立面"视图样板，那么所有立面视图都已经附带了同一个立面视图样板。

打开任一视图，单击属性栏中的视图样板，介绍一下视图样板界面的内容：左侧是视图样板的清单，右侧是具体的设置入口。在未应用视图样板的视图中，可直接在可见性设置（默认快捷键：VV）、活动视图窗口下侧等地方直接修改视图相关属性；而已经应用了视图样板的视图，则只能从"指定视图样板"的界面进入设置入口，直接从活动视图窗口进入则不能进行调整操作（灰显），相当于多了一个步骤。但如果"包含"选项下的勾选未勾上时，则该项设置可以在已经应用了视图样板的前提下，直接在可见性设置（默认快捷键：VV）、活动视图窗口下侧等地方修改视图相关属性。这相当于给每个设置选项都上了一个活动锁，想要各视图保持一致的设置，就勾选上"包含"，否则不勾选。

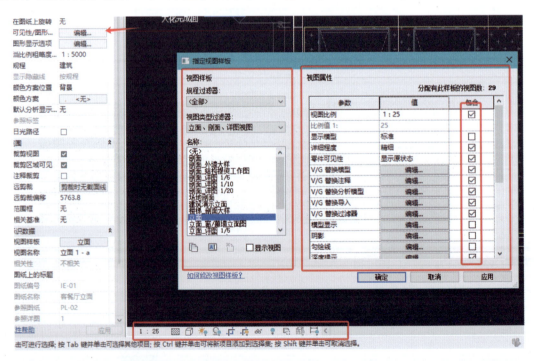

在初次使用时，先使用默认的勾选状态，在不能达到理想设置效果时，可返回此处进行修改。

实际操作 ▶▶

1. 进入任一空间的立面视图，例如客餐厅立面，单击属性栏中的视图样板，打开视图样板的设置界面。

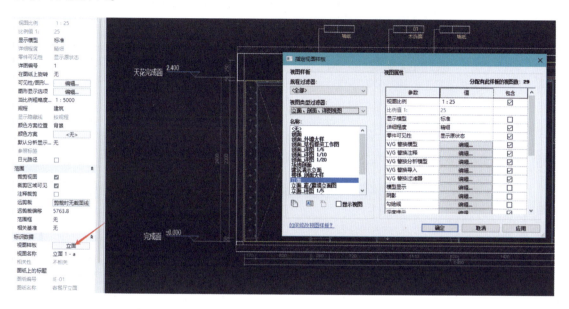

2. 单击"V/G 替换模型"后的编辑按钮，即打开了视图样板的可见性设置（默认快捷键：VV），在此处，将立面图所有构件的共性线条属性全部修改完毕，例如墙体截面线、门套线、开关插座等所有构件的线属性（颜色、线型、线宽）。

6.4 立面图出图

出图思路 ▶▶

所有的立面视图出图都是同一策略，没有明显区别，取客餐厅空间作为代表，要素有材质标记、尺寸标注、遮罩区域、洞口或开启线提示线。

所有立面视图，均会使用到遮罩区域功能。遮罩区域可以完美隐藏各类不同模型拼接的痕迹线，例如楼板和梁的拼接，石膏板和梁的拼接，不同类型墙的拼接，使图面看上去更整洁；并且能够自选线型，充当绘制完成面的工具。

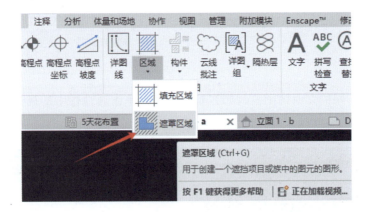

实际操作 ▶▶

1. 进入客餐厅立面，打开管理面板下的"其他设置-线样式"界面，新建一个名为"造型完成面"的类型，并修改好它的线属性（颜色、线型、线宽），单击确定。

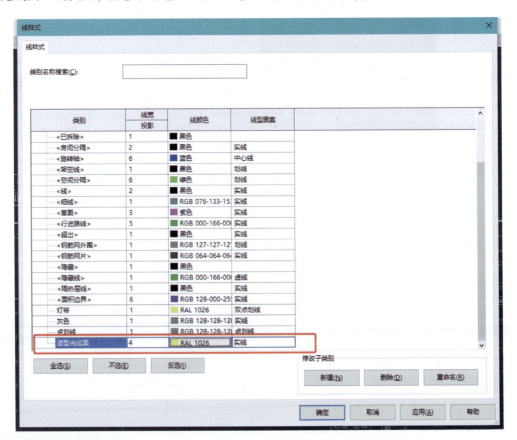

2. 双击视图范围框，进入范围编辑界面，将框线与建筑楼板以及墙体外边缘对齐，并单击完成。

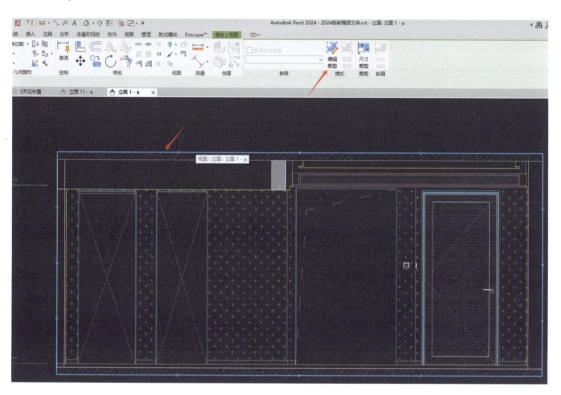

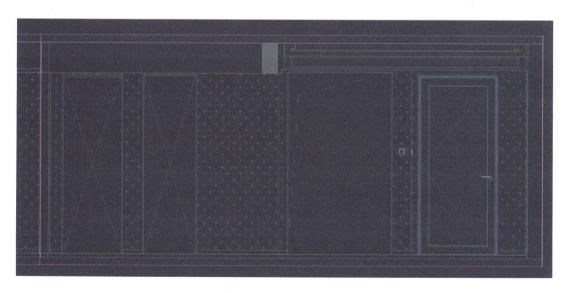

3. 激活"遮罩区域"功能，在线样式中选择刚刚新建的"造型完成面"类型，然后沿着造型完成面进行临摹，然后换一个普通的线类型，例如系统自带的"＜线＞"类型，沿着造型完成面以外、楼板和墙以内的部分进行绘制，直至两种线围合成一个封闭的区域，单击完成绘制。此时一个完成的立面遮罩区域就绘制完毕，既挡住了拼接线，也顺便解决了完成面线的绘制工作。

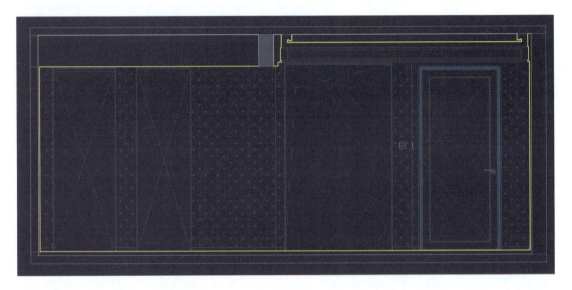

4. 进入客餐厅立面，激活材质标记，使用4.4节制作的材质标记族，将需要体现材质的区域进行标记，如有缺漏或问号，可直接单击标记族编辑内容，所有相同的材质都会同步更新。

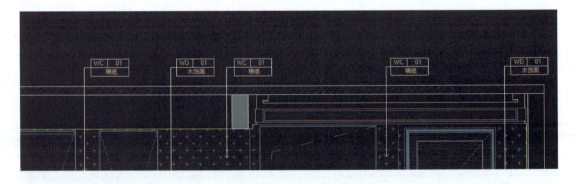

5. 激活尺寸标注，将所有的开关插座、门套、走廊等区域的必要尺寸进行标注。

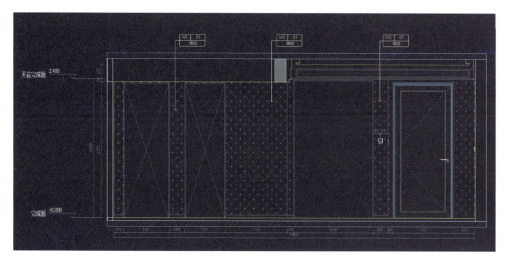

6. 对于有实体族的门或门套来说，开启线可以直接做到族里，方便复用，而对于单纯的门洞来说，直接使用"详图线"则更简单。

7. 激活"详图线"命令，选择相应的线样式，在门洞处进行绘制。

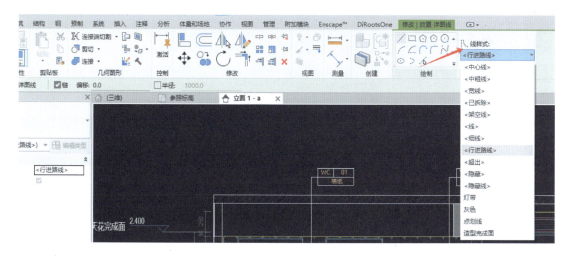

8. 如果需要新增线样式，以"点划线"为例，先在线型图案设置里查看是否有"点划线"，没有则新建。

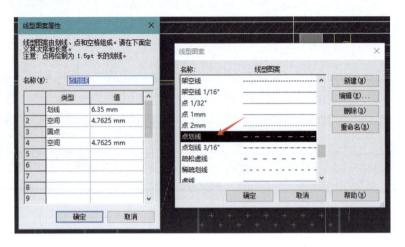

9. 再到线样式设置里新建"点划线"线样式，并选择"点划线"作为线型图案。

类别	线宽 投影	线颜色	线型图案	
<已拆除>	1	■ 黑色		
<房间分隔>	2	■ 黑色	实线	
<旋转轴>	6	■ 蓝色	中心线	
<架空线>	1	■ 黑色	划线	
<空间分隔>	6	■ 绿色	划线	
<线>	2	■ 黑色	实线	
<细线>	1	■ RGB 076-133-15	实线	
<草图>	3	■ 紫色	实线	
<行进路线>	5	■ RGB 000-166-00(	实线	
<超出>	1	■ 黑色	实线	
<钢筋网外围>	1	■ RGB 127-127-12	划线	
<钢筋网片>	1	■ RGB 064-064-06	实线	
<隐藏>	1	■ 黑色		
<隐藏线>	1	■ RGB 000-166-00(	虚线	
<隔热层线>	1	■ 黑色	实线	
<面积边界>	6	■ RGB 128-000-25!	实线	
灯带	1	■ RAL 1026	双点划线	
灰色	1	■ RGB 128-128-12(	实线	
点划线	1	■ RGB 128-128-1	点划线	▼
造型完成面	4	■ RAL 1026	实线	

修改子类别

全选(S) | 不选(E) | 反选(I) 　　　　　　新建(N) | 删除(D) | 重命名(R)

10. 在绘制时选择新建好的线样式即可。

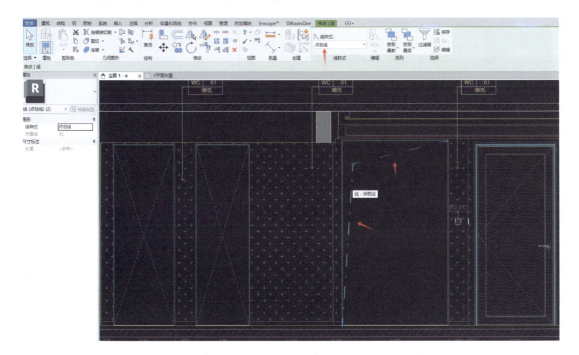

在大规模公司，尤其是有特定供应商的甲方公司，节点图基本上都是通用的，这一步骤只需要在节点库中选用节点就可完成。而在一些专门的纯设计公司，节点图是需要根据项目不同每次单独绘制的，而公开族库中几乎不存在为节点大样图服务的节点族，所以只能自行建立。

自行建立有两种方案：

（1）集成式节点族

把节点包含的内容集成至三维实体族中，例如定制柜，如下图所示，除了尺寸标注和材质标记，其余内容都集成在族里。

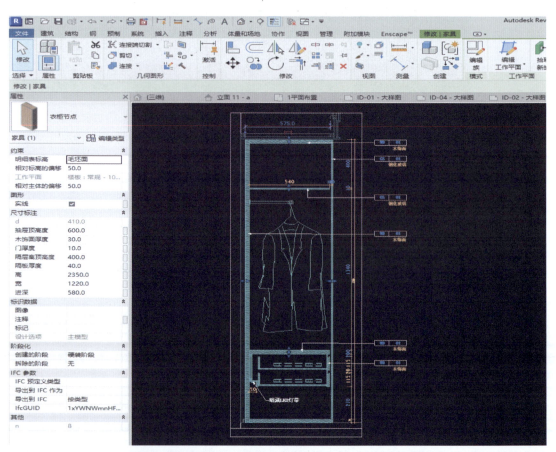

（2）详图项目节点族

单独制作不同材质的详图项目族，例如把龙骨、木基层、木饰面、龙骨截面等全部做成详图项目族，再到节点视图中去进行拼接，如下图所示，除了主体结构的轮廓，其余都是详图项目族。

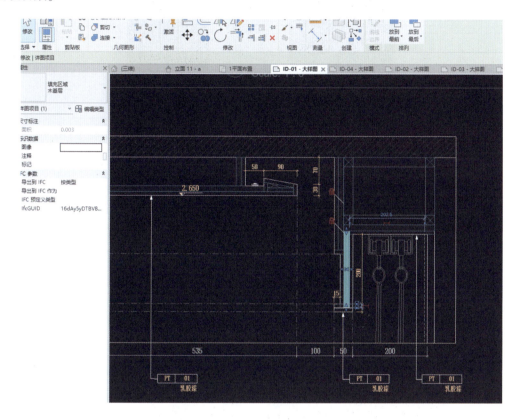

这两种方案并不是非此即彼，而应该是互相配合，像定制柜体这种既在平面图又在立面图显示的构件，就适合做三维族，且包含节点。而像藏在吊顶里的内容，是只会出现在节点图中的细节，且没有三维族作为载体，就适合直接用详图项目族拼接，甚至是用少量集成度高的详图项目族解决节点图工作。

7.1　集成式节点族

如果精讲第一种方案是如何做成的，其实这不是在传递如何制作节点图，而是在解析如何制作 Revit 族。解析如何制作 Revit 族完全是可以单独再写一本书的，所以本书主要是展示该族与普通族不同的地方。

案例展示 ▶▶

1. 三维视图

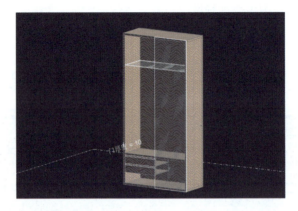

可以看到柜体的各个组成部分基本上都有三维实体。

2. 左立面视图

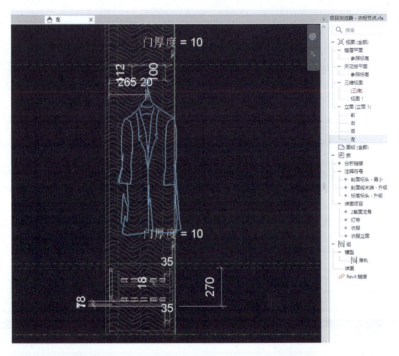

从左立面视图可以看到的要素有衣物、抽屉、滑轨、灯带等。和三维视图一对比，就可以看出衣物、滑轨、灯带并不是三维实体，而是二维的详图项目，这些内容在 Revit 中创建难度大，对于三维空间效果的影响也小，所以用详图项目代替是比较明智的。

3. 前立面视图

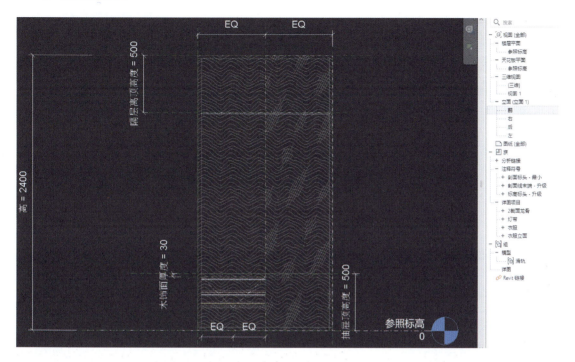

这里的开启线是用符号线绘制的，灯带则是用模型线，可以在三维视图中看到具体的灯带位置。

4. 参照标高（顶视图）

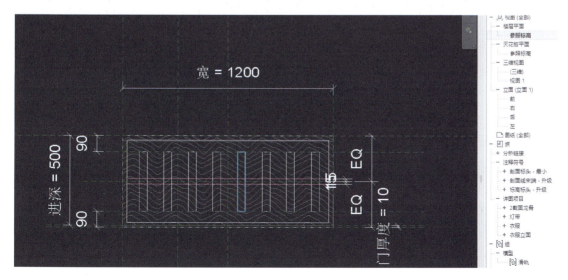

这里除了阵列排布的衣物是详图项目以外，其余都是三维实体。

7.2 详图项目节点族

本章开头讲过，只会出现在节点图中的细节，且没有三维族作为载体，就适合直接用详图项目族拼接，省时省力效果还好。

案 例 展 示 ▶▶

这是一个方形的龙骨截面，做了参数控制宽度和高度，主要使用了"线"命令进行绘制。

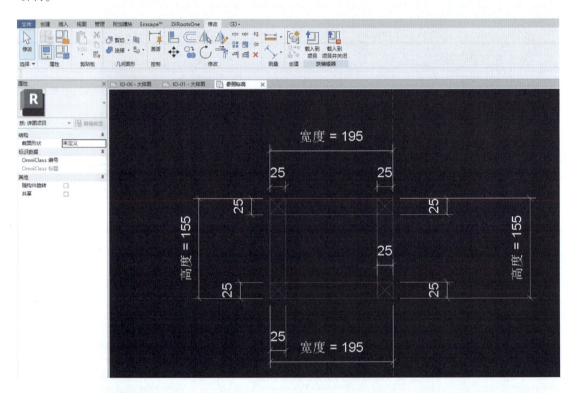

对于有遮盖需求的内容，也可以使用填充区域或遮罩区域制作，例如乳胶漆，作为一个单独的详图项目族使用。

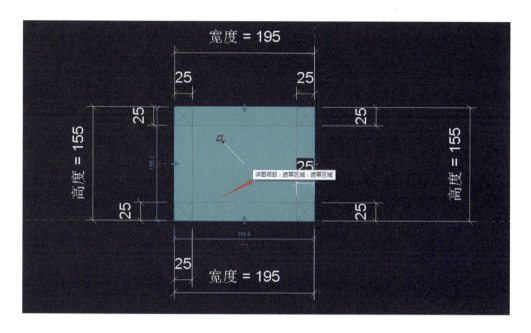

在节点图出图过程中，就是使用各式各样的详图项目族拼接组合，还原出节点图需要的所有内容。

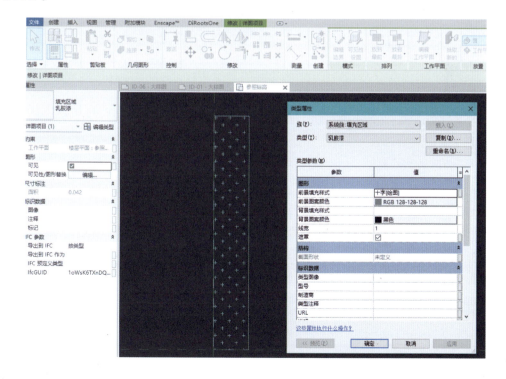

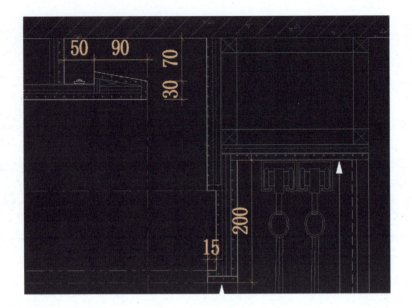

8.1 导出 DWG 格式文件

1. 单击"文件-导出-CAD 格式-DWG"。

2. 在"导出"中选择"<任务中的视图/图纸集>",在"按列表显示"中选择"<模型中的图纸>",全部勾选"包含"下的勾选框。

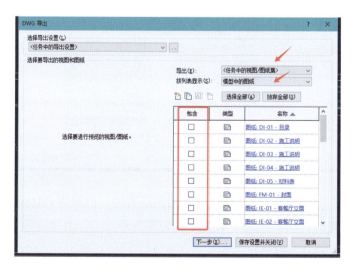

3. 单击"选择导出设置"后的按钮。

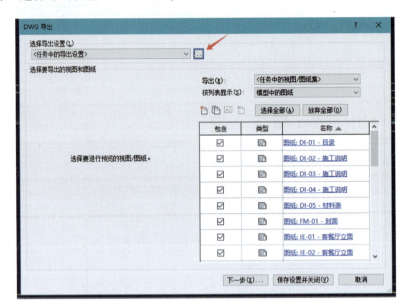

4. 首先，在左下角新建一个导出设置，单击确定并使用。

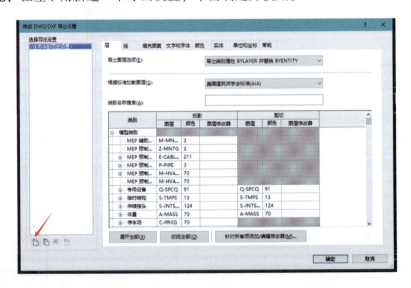

5. "层"这一栏的内容和导出 DWG 文件的图层有关，但因为 CAD 和 Revit 是两款不同软件，即使在这里按照 CAD 的习惯，设置了比较明确的分类，也没有办法还原 CAD 的图层设置，所以这一栏可以直接跳过。

6. "线"这一栏只需要调整"设置线型比例"为"比例线型定义"即可，这样才可还原 Revit 中实际展示的效果（对于看不太懂的设置，只需要逐个去试，哪个满足需求就用哪个，看似最笨的方法，实则最省时间）。

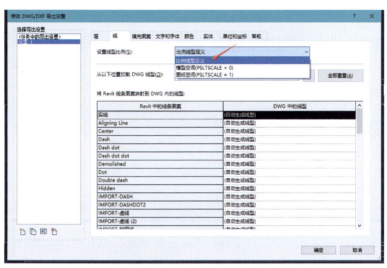

7. 在"颜色"栏中，请务必选择第三个选项，即"视图中指定的颜色"，因为本身在出图过程中就大量使用了视图的可见性设置，所以应该选择第三个选项。同时，对象样式中的设置在选择第三个选项时也会生效。

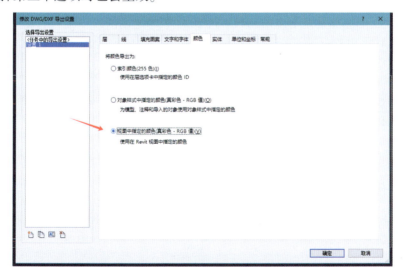

8. "常规"这一栏根据需要选择。一般情况下，在"默认导出选项"中，如果不需要参照文件，取消勾选"将图纸上的视图和链接作为外部参照导出"，否则会导出很多额外文件。

导出文件格式可以任意选择 CAD 的版本，CAD 软件版本过低时可选择导出较旧的 CAD 版本。

9. "填充图案""文字和字体""实体""单位和坐标"这几栏保持默认设置即可。

10. 全部设置完毕后，单击确定，选择路径后即可导出已勾选的所有 DWG 文件。

8.2　导出 PDF 格式文件

Revit2022 及以后的版本新增了直接导出 PDF 的功能，该功能相比于之前的"打印PDF"更加方便，但原理是差不多的，只不过 2022 版本之前的入口在"打印"功能里。

1. 单击"文件-导出-PDF"。

2. 选择"所选视图/图纸",并单击后面的编辑按钮。

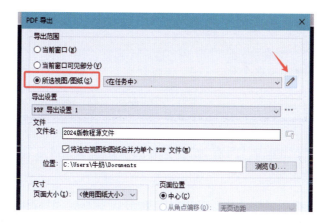

3. 单击创建新的空集。

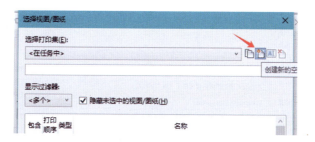

4. 在"显示过滤器"中取消勾选"二维视图"和"三维视图",之后单击下方"选择全部"按钮,再单击选择,即可选中所有图纸。

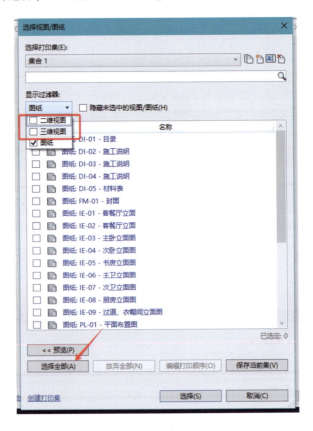

5. 在"导出设置"后单击"另存为",保存此导出设置,再进行后续调整,此操作可避免后续导出时设置被重置。

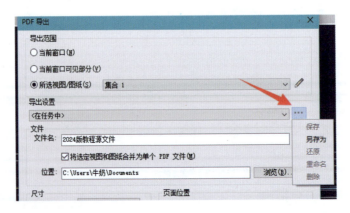

6. 保持勾选"将选定视图和图纸合并为单个 PDF 文件",否则会导出多个分散的文件。"颜色"这一栏一般选择"黑线",如果需要将图纸中黑色和非黑色的内容进行区分,那么选择"灰度",即可将非黑色内容都导出为灰色,比如有颜色的文字、灰色的填充图案等。

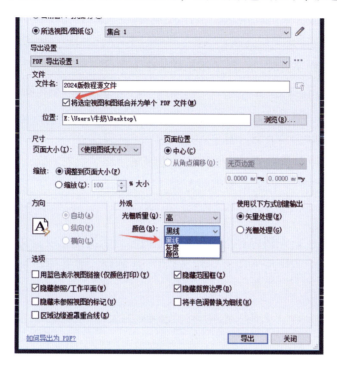

7. 指定路径后,点击导出,即可在指定路径下找到该导出文件。

第**9**章　制作项目样板

　　本书在一开始新建项目时，选择了建筑样板作为项目样板。在一个新的项目结束后，如果想要保留该项目中所有的设置和族等，就可以以该项目为基础制作新的项目样板，毕竟很多工作都不需要再做一遍了。

　　制作过程也很简单，一个字：删。

　　删的原则也很简单，所有的三维实体和二维线条注释等全部删除，删除工作的操作集中在活动视图框，不要误删项目浏览器中的内容。

实际操作 ▶▶

　　1. 以本项目为例，首先请保存本项目，删除内容后无法还原项目文件。

　　2. 进入三维视图，框选所有内容，按"Del"键删除，或者使用 Revit 的删除功能。弹出的警告可忽略。

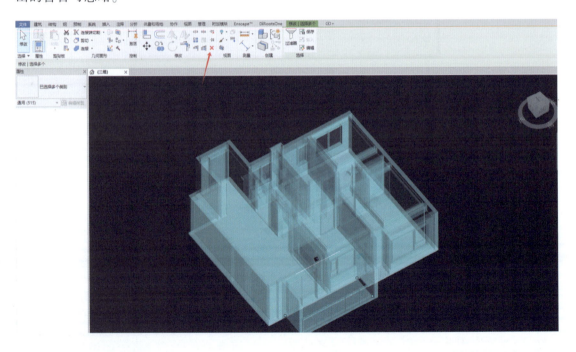

3. 接下来进入每一个平面、立面视图，将所有能看到的内容全部删除。

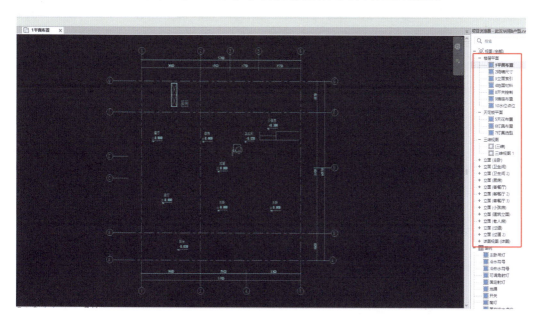

4. 在建筑立面视图，保留已有的标高，不要删除，供下次使用。

5. 图例、明细表、图纸、族的内容全部保留，供下次使用。

6. 删除完毕后，单击"文件-另存为-样板"，选择路径后保存该样板，新项目样板就制

作完毕了。以后新建项目时，直接选择该文件作为项目样板，代替之前的建筑样板。

拓展1 工程量统计

在统计室内设计工程量的时候，有一种常用方法，就是基于不同空间，罗列出各空间的工程量清单。

Revit 的"房间"功能可以很好地帮助统计出不同空间的工程量清单，不过基于载入族和系统族的区别（系统族没有"房间计算点"），需要采用两种不同的方案。

案例1 载入族内嵌明细表方案

方案思路 ▸▸

所有的载入族都默认自带"房间计算点"的功能，再利用常规明细表内嵌明细表，就可实现在"房间明细表"中再嵌入"单一类别明细表"的目的，后者的类别选择有很多，但前者只有选择"房间"明细表才可进行内嵌操作。

实际操作 ▸▸

载入族以开关为例，开关在明细表类别列表的名称为"灯具"。

1. 进入"1 平面布置"视图，激活建筑面板下的"房间"命令，出现交叉引导线后，依次单击各个房间区域，将所有的房间创建出来，再逐个修改为各房间的实际名称。

2. 修改完毕后，可右键全选当前视图的所有房间标记，删除，避免影响图面。同时删除后会提示虽然标记已被删除，但房间还存在，正好不影响在明细表中调用房间相关的字段。

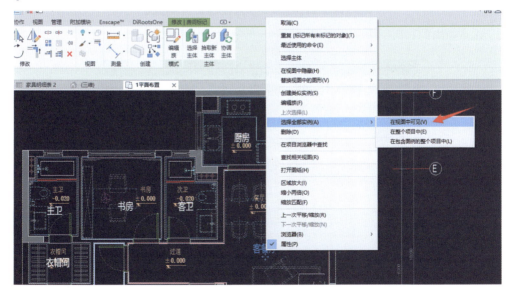

3. 激活视图面板下的"明细表"功能。

4. 在弹出的对话框中选择"房间"字段，并单击确定。

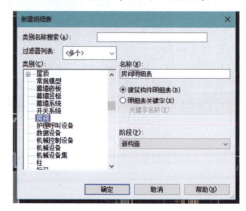

5. 在新弹出的对话框中，首先将"名称"字段添加至列表。

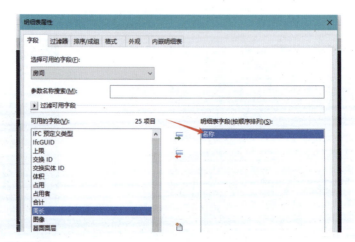

6. 再单击"内嵌明细表"，并勾选"内嵌明细表"，找到"灯具"类别，并单击下侧"内嵌明细表属性"。

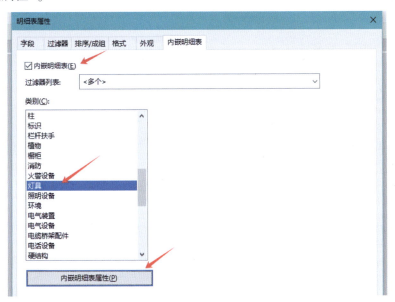

7. 此时就进入了常规的灯具明细表界面了，选择"族""类型""合计"等常用字段，并调整顺序，单击两次确定。

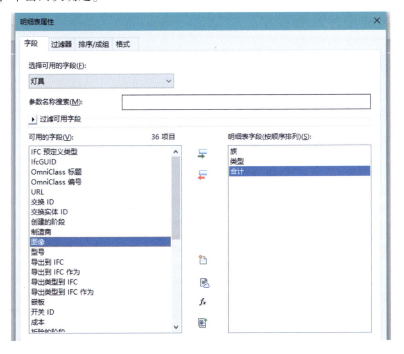

8. 此时所有空间的开关都被明细表统计出来，且按照房间进行了分类。

案例 2　系统族项目参数方案

方案思路 ▶▶

由于系统族没有"房间计算点"的功能，所以需要在项目环境下新建一个专门用来承载空间名称的"项目参数"，以此来对各空间的构件进行分类。

实际操作 ▶▶

1. 单击管理面板下的"项目参数"功能，并单击新建参数。

2. 给参数命名为表示空间的名字，例如"所属空间"，"数据类型"选择"文字"，"分组"任选，参数类型为"实例"，右侧类别勾选需要被统计的系统族类别，比如"墙顶地"分别就属于"墙""天花板""楼板"这三个类别，单击确定。

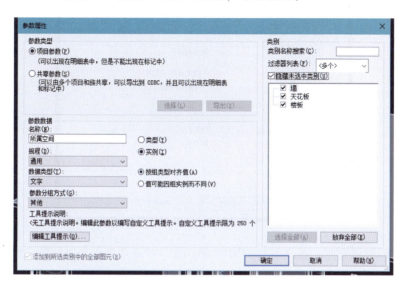

3. 选择任意的"墙顶地"构件，它们的属性栏中都会出现"所属空间"这个参数。以楼板为例，接下来将所有楼板的"所属空间"后的参数值都填上各自对应的房间名。

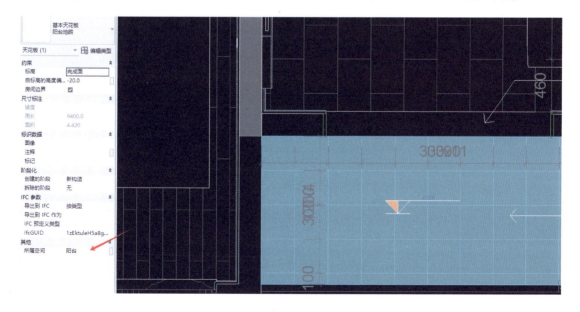

4. 新建明细表，类别选择"楼板"。

5. 在弹出的对话框中，选择常用的明细表字段，例如"族""类型""面积""合计"，另外刚刚新增的项目参数"所属空间"也要添加进来。

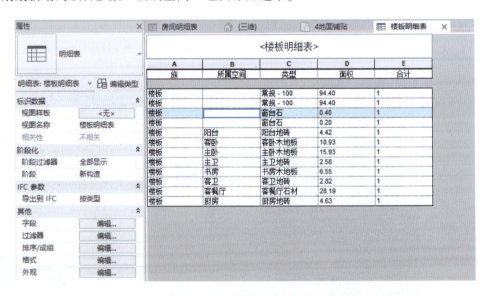

6. 由于有其他构件使用了"楼板"功能进行绘制，比如窗台石等，但窗台石的"所属空间"参数是没有值的，所以要在过滤器中，将过滤条件"所属空间"设置为"有一个值"，那么所有"有一个值"的楼板都会被筛选出来，其余的则会被剔除。

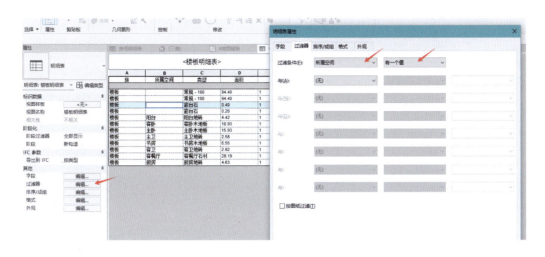

7. 具体格式还可以继续进行细化，不再进行赘述。

进行上述两种明细表方案后，其实你会发现，即使是开关明细表，也可以采用系统族项目参数的方案，同样添加一个"所属空间"参数就行了。但是，这些载入族的参数，虽然可以被项目样板保留，但是在下一个项目中，它所属的空间并不确定，也就是在新项目中，几乎所有族的"所属空间"参数，都需要手动重新调整一遍，实在是得不偿失。而"房间"虽然不会被项目样板保留，但是明细表可以，在新项目中，再次统计只需要放置好房间就行。

案例3 明细表导出

方案思路 ▶▶

明细表导出有多种途径，既可以使用原生的导出功能导出 txt 文本文档格式（Revit2022 及以后的版本可导出 csv 格式，能直接被表格工具打开），也可以利用相关插件直接导出 Excel 表格格式。

由于在载入族明细表中使用了内嵌明细表的功能，而这些外部工具大部分都不支持导出内嵌格式的明细表，并且因为版本多、部分收费、能否一直可用等问题，所以本书还是只讲解如何利用原生的功能进行导出。

实际操作 ▶▶

以开关明细表导出为例，系统族同理。

1. 进入"开关明细表"界面，依次单击"文件-导出-报告-明细表"，选择路径后，单

击确定，即可将当前明细表导出为 csv 文件格式。

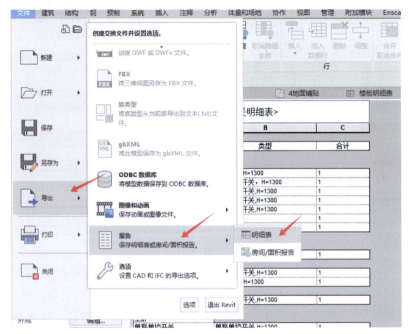

2. 如果是 Revit2022 之前的版本，则只能导出 txt 文本文档格式，需要多一个步骤，旧版本请继续往下看，新版本可忽略。在导出 txt 文件后，新建一个空白的表格文件，在表格的数据面板中选择导入自文本的数据，数据源选择前面导出的 txt 文件，在多次单击"下一步"后，完成 txt 至表格格式的转换过程。

▲	A	B	C	D	E
1	开关明细表				
2	名称				
3	族	类型	合计		
4					
5	客餐厅				
6	一键开关	一键开关,H=1300	1		
7	三联单控开关	三联单控开关,H=1300	1		
8	单联单控开关	单联单控开关,H=1300	1		
9	单联单控开关	单联单控开关,H=1300	1		
10	双联单控开关	双联单控开关,H=1300	1		
11	双联开关 - 暗装	单控	1		
12	空调开关	空调开关,H=1300	1		
13	厨房				
14	客卫				
15	双联单控开关	双联单控开关,H=1300	1		
16	书房				
17	单联单控开关	单联单控开关,H=1300	1		
18	空调开关	空调开关,H=1300	1		
19	主卫				
20	双联单控开关	双联单控开关,H=1300	1		
21	衣帽间				
22	主卧				
23	单联单控开关	单联单控开关,H=1300	1		
24	双联单控开关	双联单控开关,H=1300	1		
25	空调开关	空调开关,H=1300	1		
26	客卧				
27	双联单控开关	双联单控开关,H=1300	1		
28	空调开关	空调开关,H=1300	1		
29	阳台				

所有表格导出完成后，可进行手动合并等操作，完成所有的工程量清单统计工作。

拓展2 效果图渲染

案例1 Enscape 素材利用方案

前面已经把做好的二维和三维族都放置在了项目环境中，但并不能直接拿来渲染，还缺少软装家具族。软装对效果图的好坏是举足轻重的，而 Enscape 的资源库中包含了大量高品质的软装族，且渲染效果处于中等偏上级别，使用也几乎没有难度，所以在一众渲染软件中脱颖而出。

由于 Enscape 属于另外一款收费的国外软件，且目前尚未在国内官网提供中文版下载，不过读者可以尝试通过其他路径，例如 Enscape 国外官网，或者国内相关论坛获取帮助。

如果读者有可用的 Enscape 插件，那么只需要新建一个渲染专属视图，Enscape 素材默认的族类别是"植物"，将除了专属视图以外的所有视图取消显示"植物"类别，即可在该视图创建所有的软装家具，也不会影响到出图工作的开展。

案例2 模型转换方案

如果有高度定制化的需求，即使使用 Enscape 的素材也不能满足需求，这里还有一个切实可行的思路：主流的三维建模软件素材，例如 3ds Max、SketchUp 等，都可以参照网络上公开的资料，转换为 Revit 能够识别的格式，并导入族内。由于这些转换而来的族的二维表达会特别混乱，所以需要在族可见性设置里把导入的三维族设置为平面不可见。

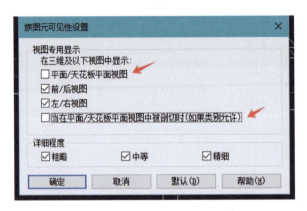

接着在顶视图和所有立面视图，叠放三维实体和二维平面表达（相当于在三维族里嵌套二维平面表达族），这样可以保证族在项目环境下不影响出图的图面，也可以用来渲染。

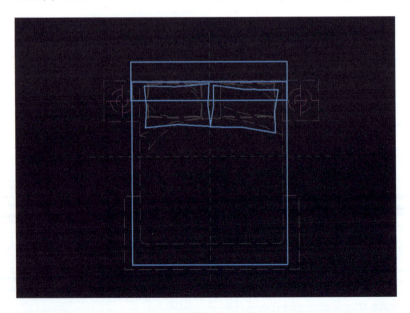

结　语

在写本书之前，当我碰到技术问题时，也会和大家一样苦恼，经常一个难点可以卡很久，而且在求知过程中并不知道结果会是怎样，有些问题甚至永远也没办法解决。为此，我"浪费"过大量的时间，同时也会想，还有多少像我一样的人会在这些地方浪费时间呢？不过幸运的是，大部分问题，我都找到了解决办法，从而形成了这样一整套的解决方案。我知道这是对自己努力钻研的回报，这一分收获，我迫不及待地想要分享给每一个用得到的人，这也是为什么要写本书的初衷。

很高兴和读者一起走完了项目的全部过程，希望读者在过程中有所收获。

最后，希望读者继续保持探索欲，加油！